U0362908

主　编　吕新河　陆少凤

副主编　王艳玲　吕　慧　陈媛媛

参　编　（按姓氏笔画排序）

丁汾阳　王　悦　石　峰　史红根　代宏伟　印云辉　包永祥

孙迁清　孙学武　孙谨林　李河山　杨　波　杨志勇　杨荣华

吴佑文　张　恒　张荣春　陈艾波　陈婷婷　季　龙　周志贵

周若涵　单立强　胡杏春　胡继军　袁朝新　倪东海　徐永宝

殷　明　高志斌　郭小粉　黄　勇　黄方林　黄海洋　龚庭平

鹿永康　葛石钧　韩琳琳　傅燕平　滕海涛　端尧生　潘小峰

素◎味

吕新河　陆少凤　主编 ■

华中科技大学出版社
http://press.hust.edu.cn
中国·武汉

图书在版编目（CIP）数据

素·味 / 吕新河, 陆少凤主编. -- 武汉：华中科技大学出版社, 2024. 10. -- ISBN 978-7-5772-1356-9

Ⅰ. TS972.123

中国国家版本馆CIP数据核字第2024UB0895号

素·味
Su·Wei

吕新河　　陆少凤　主编

策划编辑：汪飒婷
责任编辑：方寒玉
美术编辑：清格印象
版式设计：廖亚萍
责任校对：朱　霞
责任监印：周治超
出版发行：华中科技大学出版社（中国·武汉）　　电话：（027）81321913
　　　　　武汉市东湖新技术开发区华工科技园　　邮编：430223
录　　排：华中科技大学出版社美编室
印　　刷：湖北金港彩印有限公司
开　　本：787mm×1092mm　1/16
印　　张：9.75
字　　数：141千字
版　　次：2024年10月第1版第1次印刷
定　　价：98.00元

本书若有印装质量问题，请向出版社营销中心调换
全国免费服务热线：400-6679-118　竭诚为您服务
版权所有　侵权必究

顾问主任委员

叶凌波　操　阳

副主任

洪　涛　吕新河

委　员
（按姓氏笔画排序）

王艳玲　　朱凌玲　　孙学武　　邱平伟　　陈　瑶
邵万宽　　周妙林　　高志斌　　曹娅丽

序

素食之原料蔬菜，可提供人体必需的重要营养物质。《本草纲目》菜部曰："五菜为充，所以辅佐谷气，疏通壅滞也。"杨桓《六书统》谓："蔬，从草从疏。疏，通也，通饮食也。"我国的素食文化，特别是在食疗养生方面领先于世界。素食以其清幽淡爽、富有营养、强心增智的特点受到人们的青睐。随着人们生活水平的不断提高以及素食生活需求和市场需求的发展，人们的消费观念已由过去那种单一吃饱吃好的观念，逐渐转向注重饮食的营养结构、滋补强身的观念。这一消费观念的转变，给餐饮业带来了新的商机，也对餐饮业提出了新的需求。作为中国非物质文化遗产传承人研修培训计划的培训基地，南京旅游职业学院烹饪与营养学院承办了素食烹制技艺非遗传承人培训项目培训班和研修班，在教学研究中不断积累素材、认真研究，将任课专家、教师和学员们在培训、研修中的代表作品加以总结、提炼，完成了切合时尚的新潮菜品《素·味》一书。书中的菜品得到了全体教师和学员的首肯，在结业展演会上制作的菜品也得到了各界朋友的赞叹。书中的菜品以其设计创新得当、配伍合理、成菜美观、色味俱佳、养身滋补，为现代餐饮市场开辟了新的途径。纵览书稿，给我留下的印象有以下几方面。

真：用料真实，烹调考究。在原料的选购上，他们选择各种上乘原料，严格细致地把好各个关口，且严格挑选原料产地，以保证素食菜肴的风味特点和营养价值。在烹调操作上运用科学的方法，采用酿、包、搓、卷、扎、贴等烹调技法，涉及菜、汤、饭、羹、粥、饼、面、饺、糕等品类，提炼原料本味，严格配方下料，突出菜品营养。在制作上通过各种调料的辅佐和火候的严格把控，保证菜肴味道纯正鲜美，最终达到美味爽口的目的。

特：设计风格时尚。将食物原料、烹饪技艺、营养美味与餐具器皿融为一体，依据食物提供的热量及消费者的营养结构、消费需求等客观规律，运用不同的烹调方法，烹制出各种风味别致的美味特色菜肴。如"一念花开"，将娃娃菜修成莲花形，与多种菌菇结合，当小火慢炖的素清汤倒入盛菜的器皿中时，娃娃菜如同慢慢盛开的莲花，形如梦幻，汤清味美而独特。"蜂窝菌菇"以松茸菌汤汁配调，用蜂窝脆皮糊包制，设计优雅，分餐摆盘，造型别具。

新：款式创新多变。利用不同的蔬菜原料，通过精心设计，杂粮与菌菇的结合、中西烹饪技术的相融、多种烹调方法的变化，菜品设计多以各客摆盘为主，显得高雅、大气、幽美，许多菜品设计款式新颖而别致。如"法棍紫姜水晶杯"，利用分子料理的胶冻技术制作可食用的盛器来盛装菜品，让人眼前一亮；"养生时蔬雪茄卷"利用卷的手法，制成酷似雪茄的造型，酥脆爽口；"榴莲忘返"用土豆泥包入香蕉榴莲馅心，制成雪梨形状，口感软糯；"网隔红尘酿素缘"以多种菌菇成馅，酿入去皮的番茄中，蒸熟后淋上南瓜汁，手法新颖，鲜美十足。这些菜品画面优雅，使人食欲大开。

补：营养滋补健康。依据饮食文化，推出新原料、新菜品，突出风味特色，顺应了现代市场的变化。蔬菜的补益功能显著，如叶菜类蔬菜中的大小白菜、油菜、卷心菜等含有的吲哚类衍生物可以诱导酶的活性而抵抗癌的危害；食用菌中的松茸、香菇、猴头菇、木耳、银耳、金针菇等含有的多糖体对癌肿能产生瓦解及免疫作用；而且这些食物也是美容佳品、减肥良药。在菜肴制作中，还增添了滋补药膳配料，不仅使人大饱口福，还能起到滋补养身的效果。

如今，素食菜肴的发展不仅传递了顺应自然、崇尚清俭、真味养生、药食同源的饮食养生理念，更加体现了现代素食餐饮应彰显的文化底蕴以及情感关怀。编者们本着对餐饮的情怀，把教学和研究的成果编辑成书，反馈给社会、行业和企业，这不仅是一种社会责任，也是对行业发展的无私奉献。希望广大读者们通过认真品读、品赏、品鉴，感受美味素食带来的自然的、健康的美好生活。

中国餐饮文化大师、教授

邹万亮

2024 年 10 月

汤羹类

(10)

冷菜类

热菜类

28

点心类

13

汤羹类

TANG GENG LEI

素味

1 网隔红尘酿素缘

菜品创意
竹荪的网状结构激发的灵感，
结合传统网油包的手法制作。

烹调技法
酿、蒸。

原料选用 *

主料：番茄 1 个（150 克），新鲜竹荪 20 克。

辅料：牛肝菌 20 克、黑松露 1 克、鲜松茸 5 克、南瓜 50 克。

调料：盐 10 克、味精 8 克、美极鲜 5 克。

工艺流程

1　将番茄烫熟，用冷水冷却后去皮掏空，新鲜竹荪洗净焯水备用。

2　将牛肝菌、黑松露、鲜松茸切成丁，加入调料搅拌均匀，然后酿
　　入掏空的番茄内，再用竹荪菌衣把番茄包好，放在蒸笼内蒸 15
　　分钟。

3　南瓜去皮蒸熟加入 100 克水粉碎成汁，入锅烧开调味后放入盘底。

4　把蒸好的番茄装盘即可。

技术关键

原料要新鲜，注重不同口感的菌类搭配。

菜品特点

鲜味十足，营养丰富。

营养惠益　竹荪被誉为"四珍"（竹荪、猴头、香菇、银耳）之首，
富含氨基酸、维生素、矿物质等营养物质，再搭配香味独特、营养丰富、
被称为当今世界"十大健康食品"之一的野生菌类食材（牛肝菌），
使整道菜肴具有滋补强身、益气补脑、提高免疫力、利尿消肿及预
防感冒的功效。在烹饪技法上也选用了较为简单的酿、蒸，以激发
食材最原始本真的味道，且易于被机体消化和吸收。

文化内涵　中国古代对于竹荪的认知始于唐代小说家段成式的笔记小
说集《酉阳杂俎》，随后在很多文献中均有记载。竹荪曾作为贡品，
弥足珍贵，还被列入满汉全席的"草八珍"之一。

---

* 注：本书"原料选用"部分主要介绍主料、辅料及调料等，部分装饰用原料未列入。

2 蜂窝菌菇松茸汤

菜品创意
灵感来自蜂窝脆皮糊。

烹调技法
炸。

素·味
su
wei

原料选用

主料：牛肝菌 20 克、羊肚菌 20 克、松茸 20 克、竹荪 20 克、茶树菇 20 克、香菇 20 克、杏鲍菇 20 克。

辅料：黄豆芽 500 克、菌菇边角料 300 克、双色蜂窝脆皮面团 130 克。

调料：盐 10 克、味精 20 克、麻油 20 克、老抽 5 克。

双色蜂窝脆皮面团配方：

白色面团：澄面 186 克、开水 210 克、臭粉 1.5 克、蛋黄 3 个、黄油 65 克。

绿色面团：澄面 186 克、菠菜汁 190 克、臭粉 1.5 克、蛋黄 3 个、黄油 65 克。

工艺流程

1 将主料清洗后分成两份，一份改刀成丝，另一份切成片。提前把双色蜂窝脆皮面团调好取 130 克待用。黄豆芽和菌菇边角料洗净焯水，放入 1000 克水蒸 2 小时过滤成菌汤。

2 将菌菇丝下锅炒香后调味待用，菌菇片焯水，放入功夫茶壶中，加入过滤好的菌汤，入蒸箱蒸 30 分钟。

3 将菌菇丝用双色蜂窝脆皮面团包裹成团下入 180℃油锅中炸至呈蜂窝样取出。

4 分别将蒸好的菌汤和蜂窝摆入盘中后点缀即可。

技术关键

1 双色蜂窝脆皮面团的比例把握、调制以及炸制油温。

2 调制菌汤的原料选取及制作。

菜品特点

形似蜂窝、口感酥脆、汤汁回味无穷。

营养惠益　此道菜肴中丰富的原料很好地体现了《中国居民膳食指南（2022）》中所强调的"食物多样，合理搭配"的准则。菌菇类食材除富含蛋白质、膳食纤维和碳水化合物外，还含有非常丰富的维生素及钙、铁等矿物质，易被机体消化和吸收，具有健脾补胃、消食化痰理气、抗氧化、提高机体免疫力、预防心脑血管疾病的功效。

文化内涵　在我国，菌菇作为一种珍贵的食材，自古以来就有着丰富的文化内涵，人们也赋予了其丰富的象征意义。比如，松茸在中国被称为"山珍"，曾被视为贵族食材，象征着高贵与尊荣。此外，菌菇也常用于中药疗法，如灵芝被誉为"长生不老之药"，传统医学认为其具有增强免疫力和延年益寿的功效。

3 鲜奶蘑菇养生汤

菜品创意
灵感来自西式菜肴奶油蘑菇汤
以及番茄莎莎。

烹调技法
煮。

原料选用

主料：口蘑 20 克、香菇 20 克、番茄 50 克、植物奶 30 克。

辅料：植物奶油 5 克、百里香 2 克、洋葱 30 克、胡椒粉 2 克。

调料：盐 4 克、味精 2 克、白糖 3 克、素高汤 200 克。

工艺流程

1 将口蘑、香菇洗净切碎，加洋葱和 1 克百里香炒香后打碎，然后加入素高汤。

2 植物奶上锅熬至浓郁后添入植物奶油和 1 克百里香再搭配自制的番茄莎莎即可。

技术关键

1 自制番茄莎莎时要把番茄皮去掉。

2 蘑菇汤不能长时间大火煮、防止煳底。

菜品特点

浓郁的蘑菇汤配上爽口的番茄莎莎，相得益彰。

营养惠益 口蘑富含维生素 D，且无脂肪、无胆固醇；番茄含有大量有益健康的多种维生素和矿物质，具有防癌、抗氧化的功效；香菇富含多种酶和氨基酸，且富含腺嘌呤、胆碱及一些核酸类物质，有利于提高机体免疫力、预防动脉硬化和心脑血管疾病。此道汤品不仅具有美容养颜的功效，还可以调理身体、清热解毒、养心润肺，提高身体免疫力，有利于身体健康和预防疾病。

文化内涵 蘑菇作为一种食用菌，其食用历史非常悠久。早在两千多年前，中国民间就开始采摘食用菌，古书上甚至有"味之美者，越骆之菌"的记载，说明当时人们已经认识到蘑菇的美味。随着时间的推移，蘑菇以其独特的风味和营养价值逐渐受到更多人的喜爱，成为许多菜肴中的重要食材。

4 一品菌汤炖三耳

菜品创意
灵感来源于花开富贵图。

烹调技法
炖。

素·味
su
wei

原料选用

原料：黄耳 20 克、银耳 20 克、石耳 20 克。

调料：菌汤（鲜松茸菌 100 克、干茶树菇 100 克、虫草花 50 克、
　　　杏鲍菇 100 克、蟹味菇 100 克）。

工艺流程

1　将鲜松茸菌切片，放入烤箱，用 70℃低温烤 2 小时，至松茸菌烤
　　干后，冷却粉碎制成松茸菌粉。

2　将干茶树菇、虫草花、杏鲍菇、蟹味菇下油锅炸干，再放入水锅
　　炖 60 分钟制作菌汤，再加入制作好的松茸菌粉，调好味后过筛。

3　把涨发好的三耳用沸水煮 2 分钟，捞出洗净装入器皿中，加入调
　　制好的菌汤，上笼蒸 20 分钟取出装盘即可。

技术关键

1　鲜松茸菌烤制时的温度须控制在 70℃以内。

2　菌菇要用小火慢炖。

菜品特点

汤汁清澈、菌香扑鼻、营养丰富。

营养惠益　黄耳含丰富的蛋白质、脂肪、维生素，能够增强体质、
补中益气。银耳富含胶质和多糖体，具有养颜美容的功效。石耳内
含肝糖、胶质、铁、磷、钙及多种维生素，是一种滋阴润肺的补品。
这道汤品用三耳搭配营养丰富的菌汤，口感滑润，具有补脑提神、
美容养颜、强身健体等功效。

文化内涵　花开富贵是中国传统吉祥图案之一，代表了人们对美满
幸福生活、富有和高贵的向往。这道汤品选用多种野生菌作为食材，
突出了养生保健的理念。

5 菜胆尚汤炖松茸

菜品创意
根据传统清高汤菜肴的制作方法，
用素高汤进行制作。

烹调技法
炖。

素·味
su
wei

原料选用

主料：松茸 20 克、娃娃菜 100 克。

辅料：香菇 1 个、素高汤 1000 克。

调料：盐 15 克、糖 10 克、味粉 10 克。

工艺流程

1 把香菇放入素高汤里调味后隔水炖 90 分钟。

2 娃娃菜改刀成一样大小的两瓣后，焯水沥干，松茸洗净切片。

3 把松茸和娃娃菜放入汤盅，加入素高汤隔水炖 30 分钟即可。

技术关键

1 香菇要洗净，防止有泥沙 。

2 小火慢炖，直到炖出清香味。

菜品特点

口味鲜醇、汤色澄清。

营养惠益　松茸是一种天然的珍稀食用菌，含有丰富的不饱和脂肪酸，可增加血管弹性，故有保护血管的功效；含有蛋白质和甲基纤维素，可帮助修补损伤的胃黏膜。娃娃菜甜、薄、嫩，富含硒和维生素，叶绿素含量高，具有促进骨骼发育、营养吸收，提高身体免疫力，预防疾病的作用。这道菜肴口味鲜醇，具有强身健体、润肠通便等功效，是老少皆宜的美食。

文化内涵　松茸在中日韩都有着悠久的食用历史，是世界上昂贵的菌菇之一。松茸还有着健康与富贵的寓意，在国际上享有"天然营养宝库"的美誉。

6 无花果菌汤雪燕

菜品创意
根据四季的特点，冬季干燥，需采用
营养丰富的食材养阴润肤、滋补养生。
在菜肴制作时使红菇（大红菌）保留
了鲜香味美的风味，而干无花果的清
香和新鲜无花果的鲜甜起到了画龙点
睛的作用。

烹调技法
炖。

原料选用

主料：大红菌 50 克、雪燕 20 克。

辅料：干无花果 5 克、新鲜无花果 2 个（30 克）、雪梨 1 个（150
克）、麦冬 3 克。

调料：冰糖 50 克。

工艺流程

1 雪燕泡发好洗净，与干无花果、麦冬、雪梨一起炖 60 分钟。

2 调味后加入新鲜无花果与大红菌炖 5 分钟即可。

技术关键

雪燕需要完全泡发清洗干净，使口感软糯香甜。

菜品特点

汤汁清香，质地软糯香甜，有干无花果的清香又有新鲜无花果的鲜甜。

营养惠益 雪燕是十分珍贵的食材，是植物木髓分泌物，因泡发后晶
莹剔透、形似燕窝而得名，具有保湿护肤、润肠通便、辅助减肥、补
脑益智等功效。这道菜肴以雪燕、大红菌配以养阴润肺的麦冬和润肠
通便的无花果等食材，不仅清香鲜美，而且营养丰富，是冬日滋补养
生的极佳之选。

文化内涵 雪燕在缅甸已有 1000 多年历史，在东南亚地区也流行了
百年之久，许多女子都以雪燕汁为美容佳品。

7 酸辣茄汁煨素鱼翅

菜品创意
灵感来自傣族酸汤。

烹调技法
煨。

素·味
su
wei

原料选用

主料：白萝卜 60 克。

辅料：番茄 50 克、鲜芒果 20 克、南瓜 50 克。

调料：美国辣椒仔 2 克、酸辣鲜露 3 克、味精 1 克、盐 1 克、生粉 3 克、
贵州白酸汤 20 克。

工艺流程

1 白萝卜去皮，切成长 10 厘米、宽 8 厘米、厚 5 厘米的块后再切成
菊花状后焯水断生，取出，漂去萝卜味后再蒸软。

2 番茄烫熟去皮后粉碎成汁备用，南瓜去皮切成小块蒸熟后粉碎成
汁备用。

3 将芒果去皮切块，加番茄汁、南瓜汁和调料调成酸辣茄汁一起粉
碎过滤后烧开勾芡，倒入盘中。

4 把蒸软的白萝卜放入汤汁里，再稍稍点缀即可。

技术关键

1 汤汁一定要煮开收浓才黏稠。

2 白萝卜焯水要焯透，漂去萝卜味。

菜品特点

酸辣开胃、口感丝滑、健康味美。

营养惠益 白萝卜是一种热量低、水分含量高的食材，富含膳食纤维、
淀粉酶、芥子油、木质素、维生素 C 等多种营养物质，具有增强人
体免疫力、消炎止咳、促消化、抗氧化等功效。本道菜品以白萝卜
为主料，采用煨这一传统又健康的烹饪方法，不仅味道鲜美，而且
保留了白萝卜的营养价值。

文化内涵 傣族酸汤不仅是一种美食，还体现了傣族人民的饮食习
惯和文化传统。当地人民群众将酸汤视为一种文化符号，通过制备
和享用酸汤，传递着家族和社区的情感联系。

8　一念花开万事成

菜品创意

灵感源于花朵绽放的美丽景象和素食追求的纯净意境，用蔬菜和多种菌菇调制的素汤创造出"一念花开万事成"这道富有禅意的素食菜肴。

烹调技法

煮、炖。

素·味
su
wei

原料选用

主料：娃娃菜 1 颗（200 克）。

辅料：干松茸 50 克、干茶树菇 50 克、虫草菌 50 克、豆芽 50 克、
板栗 50 克、胡萝卜 50 克、红枣 50 克、羊肚菌 50 克、竹荪
50 克、鸡枞菌 50 克。

调料：盐 3 克、味精 5 克、冰糖 3 克、白胡椒 1 克。

工艺流程

1 将辅料清洗干净后沥干，放入 2000 克纯净水中，小火慢炖 3 小
 时制成素清汤备用。

2 将娃娃菜刻成菊花状，用 250 克的素清汤小火慢煮 10 分钟捞出
 放入冰水中，凉透后再次放入素清汤中小火慢煮，反复 3 次至娃
 娃菜酥烂而不失型，然后放入餐具中，配一杯调味后的素清汤一
 同上桌，淋入放娃娃菜的餐具中即可。

技术关键

素清汤的制作方法有多种，但关键都是全程不可大火，方可保持汤清
味香。娃娃菜通过反复清汤小火慢煮酥烂而不失型，既美观又入味。

菜品特点

汤清味美，造型梦幻，此菜上桌后现场操作效果更佳，素清汤倒入器
皿时，娃娃菜如同一朵莲花慢慢盛开。

营养惠益 娃娃菜性凉，能清热利尿，可增强免疫力，保持皮肤健康。
这道菜品以娃娃菜搭配多种富含氨基酸、蛋白质、膳食纤维和微量
元素等的珍贵菌菇，如干松茸、干茶树菇、虫草菌、羊肚菌、鸡枞菌、
竹荪等，具有滋补功效，能够增强机体免疫力；冰糖的加入不仅增
加了菜品的甜度，还有助于润肺止咳。采用蒸、炖技法精心烹制，
较好保留了原料的营养价值，实现了口感和营养的双重满足，非常
适合免疫力低下人群食用。

文化内涵 禅意素食文化是一种结合了哲学和素食主义的饮食文化，
它不仅注重食物的味道和营养，还强调食物与身心健康的关联，以
及通过饮食实践达到一种心灵平静的境界，体现了回归自然、回归
健康的理念。

9 素食高汤佛跳墙

菜品创意
用素食来呈现传统佛跳墙的美味。

烹调技法
炖。

佛跳墙
FO TIAO QIANG
FAMOUS CUISINE IN FUJIAN
GLOBALLY RENOWNED

素·味
su
wei

原料选用

主料：干红菇 3 克、干黄耳 10 克、新鲜松茸 5 克、干羊肚菌 1 个、
　　　新鲜猴菇 10 克、干花菇 5 克、新鲜杏鲍菇 5 克、新鲜虫草花
　　　3 克。
辅料：素清汤 200 克。
调料：盐 3 克、蘑菇精 4 克。

工艺流程

1　把干的菌菇泡发改刀切成 3 厘米×3 厘米的片，洗净焯水沥干备用。
　　新鲜菌菇改刀切厚片后焯水洗净沥干，把干菌菇和新鲜菌菇一起
　　装入汤煲器皿中，再加入调味后的素清汤。
2　大火烧开改小火炖 1 小时。

技术关键

1　吊制素清汤时要小火长时间炖。
2　素清汤冷却后再过滤汤色更好。

菜品特点

菌香浓郁、汤色清纯、回味甘甜。

营养惠益　本道菜肴采用炖法烹制而成，汇集多种珍贵的菌类食材。
红菇具有滋阴补肾、润肺养颜的功效。黄耳具有清热除湿、活血舒
筋的功效。鲜猴头菇具有防癌、抗衰老、养颜的功效。鲜松茸具有
补肾益精、固本培元的功效。干羊肚菌具有健胃补虚、抗癌益肾的
功效。多种珍稀菌菇口感丰富，富含优质蛋白质、多种氨基酸、维
生素以及矿物质，能够滋补养生、增强人体免疫力、改善心血管健
康等，适宜于滋补调理人群。

文化内涵　佛跳墙又名福寿全，是福建福州的一道特色名菜，属于
闽菜。相传该菜品是道光年间由福州聚香园菜馆老板郑春发研制出
来的，文人们品后纷纷称好，有人即席赋诗"坛启荤香飘四邻，佛
闻弃禅跳墙来"。从此这道菜就叫作"佛跳墙"。

10 南瓜金汤鸡头米

菜品创意

利用小南瓜既可作为盛器也是食品
原料的特点产生的灵感进行制作。

烹调技法

蒸。

原料选用

主料：迷你小南瓜 1 个（100 克）、日本金南瓜 100 克。

辅料：鸡头米 20 克。

调料：盐 4 克、蘑菇精 3 克。

工艺流程

1 把迷你小南瓜开盖掏空，上蒸箱蒸熟。

2 将日本金南瓜蒸熟，粉碎成泥过滤后调好味，再装入迷你小南瓜。

3 将鸡头米煮熟放在南瓜泥上面即可。

技术关键

迷你小南瓜不能蒸得太烂。

菜品特点

滋补养生，造型美观。

营养惠益　迷你小南瓜和日本金南瓜富含 β- 胡萝卜素、维生素 C、钾和膳食纤维，不仅有助于保护视力、增强免疫力，还能促进肠道蠕动，具有补中益气、健脾养胃的功效。鸡头米（芡实）是一种传统的中药材，富含蛋白质、维生素和矿物质，具有健脾止泻、益肾固精等功效。简单的蒸制方法不仅保留食材的原汁原味，还能使营养成分得到最大程度的保留。此外，蘑菇精的加入则增添了一丝天然的鲜香，使得整道菜品口感更加丰富。此道菜品营养丰富、口感细腻、老少咸宜。

文化内涵　鸡头米学名芡实，是一种生长在水中的植物，因其花托形状独特，犹如鸡头，因此得名。这种食材在苏州地区尤为盛产，被视为时令美食，《神农本草经》将其列为上品，具有补中、除湿等功效，被誉为"水中人参"。

冷菜类

素味

1 大成罗汉素排骨

菜品创意
从糖醋仔排的制作方法中获得的灵感。

烹调技法
炸、烹。

素·味
su
wei

原料选用
主料：面筋 250 克。
辅料：莲藕 100 克、药芹丝 20 克。
调料：番茄汁 200 克、白糖 50 克、盐 15 克、味精 10 克、生粉 50 克。

工艺流程
1 将莲藕切成条状、面筋切成长方形，将面筋包裹在莲藕段上，用药芹丝扎好。
2 将生粉均匀地拍在裹好的面筋上，下 160℃油锅炸至五成熟捞出。
3 将五成熟面筋下锅，放入番茄汁、白糖等调料，大火收汁即可。

技术关键
炸制时注意控制火候，否则容易炸老。

菜品特点
外酥里嫩、酸甜可口。

营养惠益　此道菜品选择具有和中益气、解热止渴功效，有"素菜之王"称号的面筋为主料，辅以具有凉血散血、清热解暑的莲藕，是一道美味的养生佳品。莲藕中含有大量的碳水化合物及丰富的钙、磷、铁和多种维生素，食用价值高，还可入药，具有清热、养血、除烦等功效，同时富含黏蛋白和鞣酸，能够促食欲、助消化、健脾胃。

文化内涵　糖醋排骨起源于我国南北朝时期，是江苏、浙江等地的传统名菜。这道菜品选用莲藕作为主料，在传承传统工艺的基础上丰富了菜品的口感。

2　法棍紫姜水晶杯

菜品创意
利用分子料理的胶冻技术制作
食材的盛器。

烹调技法
冻

原料选用

主料：法棍 30 克、牛油果 20 克、蜜柚 10 克。

辅料：寿司红姜 4 克、脆片 1 个、冰淇淋 50 克、坚果碎 10 克。

调料：蛋黄酱 20 克、蜂蜜 6 克。

工艺流程

1 将法棍切成小方块，放入烤箱 120℃烤至起壳变酥脆，取出冷却后放入水晶杯中，撒上寿司红姜碎。

2 水晶杯是用卡拉胶做的一个盛器（卡拉胶与纯净水的用料比为 15 克：100 克）。

3 放入牛油果和冰淇淋再淋上蜂蜜，撒上坚果碎。

4 用蛋黄酱在盛器上画出图案作为蘸酱和装饰，再用蜜柚和脆片等点缀。

技术关键

1 法棍烤制时温度不可太高，时间不可过长。

2 制作水晶杯时使用的模具每次使用前一定要放入冰水里冷却。

菜品特点

采用一种西式的装盘形式，结合了中西餐的特点。

营养惠益　牛油果是热带水果，富含维生素 A、维生素 E、镁、必需脂肪酸如亚油酸等，有助于强韧细胞膜，延缓表皮细胞的衰老。此道菜肴选用富含碳水化合物的法棍，含大量维生素 C 和类胰岛素物质的蜜柚，并辅以清凉解渴的冰淇淋，具有生津开胃、清热解暑等作用，独特的设计与精美的造型，适合炎炎夏日里各类人群食用。

文化内涵　分子料理是一种结合了食品科学与烹饪艺术的烹饪方式，它通过改变食物的分子结构来制作菜肴，探索食物在烹饪过程中发生的化学变化与物理变化。分子料理起源于 20 世纪末，这种烹饪艺术不仅在欧洲受到关注，在全球范围内也得到业界的认可和喜爱。

3　脆筒沙拉杏鲍菇

菜品创意
中式春卷融合西餐沙拉酱进行制作。

烹调技法
拌、卷。

原料选用

主料：春卷皮 2 片、芒果 50 克、杏鲍菇 20 克。

辅料：秋葵碎 10 克、笋瓜 1 个、黑松露 1 克、红加仑 5 克。

调料：沙拉酱 50 克。

工艺流程

1 芒果取肉切成小粒，和秋葵碎一起拌入沙拉酱做成芒果沙拉。

2 将春卷皮炸成一个圆筒，里面放入芒果沙拉。

3 将杏鲍菇、笋瓜切成片焯水过冷水沥干，用笋瓜把杏鲍菇包在里面成绣球状。

4 把做好的菜品装盘，用黑松露和红加仑装饰。

技术关键

1 沙拉酱和食材按 1 ∶ 5 的比例调制。

2 笋瓜片摆放要整齐，这样包出来的绣球比较美观。

菜品特点

色彩搭配丰富，口味独特。

营养惠益　杏鲍菇味道鲜美，益气和胃，含有丰富的寡糖、膳食纤维、矿物质（如钾、钙、磷）等营养素，可以促进人体脂类物质的消化吸收和胆固醇的溶解，具有降血脂、降血压的功效。芒果和秋葵碎中含有丰富的胡萝卜素、维生素 C、锌、硒等微量元素，具有益胃止呕、解渴利尿、止咳去痰、消炎解毒、降血脂、增强免疫力等功效。常食此菜肴可以去除体内的湿气，是一道兼具美味与营养的菜肴。

文化内涵　春卷有着迎接春天、财富与丰收、团圆与和谐等寓意，它不仅美味可口，更承载着人们对美好生活的向往和期待。这道菜融合了中西餐的特点，装盘具有春天的特色。

4 养生时蔬雪茄卷

菜品创意
采用雪茄的像生造型。

烹调技法
卷。

素·味 su wei

原料选用

主料：荠菜 800 克。

辅料：松子 100 克、荞麦春卷皮 6 张。

调料：盐 8 克、味精 6 克、糖 6 克、麻油 15 克、色拉油 1000 克。

工艺流程

1 将荠菜洗净后用开水烫熟再冲凉，沥干后剁碎，松子烤熟备用。

2 荠菜调味后加松子拌均。

3 将荞麦春卷皮平铺，放上荠菜后卷好，起锅放色拉油，烧至 180℃下荠菜卷，炸熟捞起，用吸油纸吸干油装盘。

技术关键

炸荠菜卷时一定要控制好油温，不能超过 180℃。

菜品特点

形似雪茄、营养均衡、酥脆爽口。

营养惠益　荠菜历来是药食同源的佳蔬，初春采荠菜的嫩苗食用，清香可口。荠菜性味甘平，具有和脾、利水、止血、明目、利肝气、消积的功效。荠菜所含营养物质均衡，含有丰富的维生素 C 和胡萝卜素，还含有黄酮苷、胆碱、乙酰胆碱等，对养肝明目、调理脾胃、利水消肿具有一定的作用。经常食用荠菜有助于增强机体免疫功能，有调节血压、健胃消积之功效。

文化内涵　荠菜作为一种药食两用的植物，具有悠久的历史，早在《诗经》中就有记载。春卷有着迎接春天、财富与丰收、团圆与和谐等寓意，两者结合突显了春日风味。

5 山河长青

菜品创意
灵感来自中国山水画。

烹调技法
煮、拌、摆。

原料选用

主料： 鲜嫩小野笋 200 克。

辅料： 奥利奥粉末 100 克、胡萝卜 30 克、洋花萝卜 10 克、土豆粉 20 克。

调料： 泡椒（带泡椒水）450 克、味精 15 克、白糖 50 克、青红杭椒各 1 个、盐 20 克、白醋 50 克、柠檬 5 片、鸡精 7 克。

工艺流程

1 将鲜嫩小野笋去头、去尾，改成长短均匀的笋段，然后用清水冲洗去除里面的涩味，水烧开后放入，烫十五秒钟捞出，加入冰块过凉，过凉后控干水分。

2 把调料放在一起搅拌均匀，再把笋段倒进料汁里浸泡 4 小时。

3 土豆粉加 20 克开水搅拌均匀，用微波炉加热 2 分钟后调味装盘，把笋段插上去，用奥利奥粉末、胡萝卜、洋花萝卜进行点缀。

技术关键

去除鲜嫩小野笋的涩味。

菜品特点

酸嫩爽口。

营养惠益　野笋性微寒，含有丰富的蛋白质、维生素、膳食纤维、矿物质（如钙、磷、铁）等多种营养素，具有清热利尿、活血祛风的功效。此道菜肴搭配富含 β- 胡萝卜素的胡萝卜，以及增进食欲和帮助消化的洋花萝卜，具有清热解毒、促进肠道蠕动、祛痰止咳、开胃健脾的功效。

文化内涵　山水画是中国传统文化的重要组成部分，体现了人们对自然的独特观察和情感表达。这道菜用鲜嫩小野笋的绿色、奥利奥粉末的黑色等勾勒出一幅美丽的画卷。

6　震泽黑豆干

菜品创意
根据传统豆腐干的工艺，用黑豆制作出来的菜肴。

烹调技法
干烧。

素·味
su wei

原料选用
主料：黑豆干 200 克。
辅料：八角 3 个、桂皮 3 克、香叶 5 片、生姜 10 克、小葱 10 克。
调料：生抽 8 克、美极鲜 10 克、东古一品鲜 10 克、水 200 克、
绵白糖 20 克。

工艺流程
1　黑豆干焯水后沥干。
2　辅料加入调料拌匀再放入黑豆干烧开收浓。
3　收浓后放入保鲜盒里自然冷却，让黑豆干浸泡在收浓的香料卤汁
　　里，装盘时再取出。

技术关键
黑豆干不能放冰箱储存，不然会变硬，必须当天制作。

菜品特点
口感香韧、入口回味。

营养惠益　黑豆干是一种营养比较丰富的豆制品，富含卵磷脂，可以消除血管壁上沉积的胆固醇，有效预防心脑血管疾病；钙含量也较高，能够促进骨骼发育，降低骨质疏松发生率。此菜肴口感香韧，能有效促进肠道蠕动、改善便秘，具有美容养颜、延缓衰老的功效。

文化内涵　黑豆干是江苏苏州市吴中区震泽镇的特产，早在清代乾隆年间已闻名全国，追溯其历史已有三百多年之久。"茶干，以豆为之，味香美。"因黑豆干也可作茶点，所以又叫茶干。

7 白兰地百香果

菜品创意
食材边角料的利用。

烹调技法
泡。

原料选用

主料：百香果 5 个（500 克）。

调料：白兰地酒 100 克、绵白糖 900 克、纯净水 100 克、红糖水 150 克。

工艺流程

1 将百香果削去外皮，切成四瓣挖出内瓤备用。

2 百香果皮用开水煮 3 分钟后取出，放入冰水中冷却，再沥干。

3 百香果皮和百香果肉一起加入调料泡制 3 小时即可食用。

技术关键

百香果皮不能煮得太久，否则影响口感。

菜品特点

色泽红亮、酸甜可口。

营养惠益　百香果味道甘酸，被称为水果中的维生素 C 之王，能够增强人体的抵抗力；富含钾元素，可以维持血压稳定；富含膳食纤维，有助于促进肠道蠕动和改善便秘；富含多酚类化合物、类胡萝卜素等抗氧化物质，可以帮助降低胆固醇水平，保护心脏。此菜肴辅以具有祛寒、活血功效的白兰地酒，具有强化免疫系统、促进消化、补充营养、润肺止咳、润肠通便的功效。

文化内涵　在不同国家和地区，百香果有着不一样的象征意义和文化价值。在中国和越南等国家，百香果可作为中药，用于治疗感冒、咳嗽等。在加勒比海地区百香果因其独特的风味被当地人视为一种神奇的水果。

8 锦鲤戏燕

菜品创意
采用菜肴象形工艺的制作手法进行制作。

烹调技法
冻。

原料选用
主料：涨发好的素燕窝 50 克。
辅料：自制锦鲤 1 条、西米 20 克。
调料：柠檬汁 10 克、彩虹汁 20 克。

工艺流程
1 彩虹汁：白糖 15 克、鹰粟粉 2 克、椰浆 20 克、水 80 克、蝶豆花粉 2 克、糯米粉 1.5 克拌匀烧开。
2 自制锦鲤：
（白色部分）椰浆 15 克、糯米粉 2 克、澄面 5 克、木薯粉 6 克、白糖 4 克、色拉油 5 克。
（黄色部分）南瓜蓉 25 克、糯米粉 2 克、木薯粉 6 克、澄面 4 克、色拉油 3 克。
3 将西米放入盘中垫底，依次放入素燕窝、自制锦鲤做好造型。
4 上桌后依次浇入彩虹汁、柠檬汁即可。

技术关键
1 素燕窝制作时要求根根分明。
2 彩虹汁制作时要充分搅拌，防止粘锅。
3 加入柠檬汁时要控制好量。

菜品特点
素燕窝洁白似玉，自制锦鲤造型独特、质地软嫩。

营养惠益 素燕窝是一种非常名贵的真菌类食品，其形味如燕窝，口感润滑、清爽，集鲜、嫩、脆、爽口特点于一身。素燕窝微寒滋补，能清理身体内的热毒，润肺止咳。素燕窝含有维生素 C、蛋白质、碳水化合物和赖氨酸等营养成分，具有美容养颜、增强免疫力以及促进消化的作用。本道菜品以营养丰富的素燕窝为主料，不仅造型可人，而且口感丰富，营养滋补。

文化内涵 锦鲤在中国文化中一直被视为吉祥的象征，尤其在唐代，鲤鱼被誉为"国鱼"，备受重视。这道菜品造型独特，锦鲤戏燕寓意着吉祥安康和好运连连。

9 象形板栗

菜品创意
板栗的仿生造型。

烹调技法
冻。

素·味
su
wei

原料选用

主料：板栗 300 克、牛奶 140 克、三花淡奶 140 克、明胶片 20 克。

调料：糖 25 克、皮水 100 克。

工艺流程

1 板栗蒸熟待用，明胶片放入冷水中泡软待用。
2 把牛奶、三花淡奶、糖和蒸好的板栗放入破壁机中打成泥。
3 把板栗泥放入容器中，再加入泡好的明胶片，加热，使明胶片融化拌匀待用。
4 把调制好的板栗泥放入板栗模具中冷藏 4 小时即可取出。
5 把做好的板栗脱模，挂上皮水，放入冰箱冷藏半小时取出装盘即可。

技术关键

1 皮水比例：安歌红糖水 50 克、可可酱 50 克、水 120 克、糖 10 克、明胶片 30 克。
2 皮水温度控制在 15~20℃。

菜品特点

外观形似板栗、口感香甜。

营养惠益　牛奶和三花淡奶含有丰富的优质蛋白质、钙和维生素 D，有利于骨骼健康，增强免疫力，牛奶中的钙质和三花淡奶中的脂肪还能为身体提供所需营养。明胶片富含胶原蛋白，有助于皮肤弹性和关节健康。这道象形板栗不仅外观逼真，口感香甜，而且营养丰富，有益于健康。

文化内涵　板栗是中国较早栽培的果树之一，不仅是重要的经济林种和特色农产品，还是一种具有丰富营养和药用价值的食品。《本草纲目》记载板栗：厚肠胃、补肾气、令人耐饥。

10 杏仁豆腐

菜品创意

采用中西融合做法，在新
鲜豆浆中加入杏仁汁而成。

烹调技法

冻。

原料选用

主料：新鲜豆浆 80 克、杏仁粉 70 克、牛奶 180 克。

辅料：热水 150 克。

调料：糖 25 克、明胶片 10 克。

工艺流程

1 明胶片用冷水浸泡 30 分钟。

2 杏仁粉用热水冲开，加入新鲜豆浆、牛奶、糖烧开后再放入明胶片至完全溶解。

3 放入模具冷藏 3 小时即可。

技术关键

加热后要撇去表面气泡后再倒入模具。

菜品特点

滑嫩清凉，芳香微甜。

营养惠益　新鲜豆浆富含植物蛋白质、B 族维生素和多种矿物质，有助于补充能量、增强体力，并具有润肠通便、降低胆固醇的功效。杏仁粉富含不饱和脂肪酸、维生素 E 和膳食纤维，有助于维护心血管健康，还可润肤美容、增强免疫力。牛奶含有丰富的优质蛋白质和钙，有助于骨骼健康，促进生长发育。这道菜品不仅口感清凉滑嫩，香甜可口，而且富含多种营养成分，具有多种健康益处。

文化内涵　杏仁豆腐最初是由宫廷御厨创制，后来逐渐流传到民间。因其主要原料"杏仁"以及其成品的质感和外观形似嫩豆腐而得名。这道菜常常出现在节日庆典、家庭聚会等重要宴席中。

11 黑松露双味冬笋

菜品创意

此菜应时应季，以鲜笋衣作为盛器，添加高级的黑松露，给人以独特的美食体验，富有创意和美味。

烹调技法

油焖与快炒相结合。

素·味
su
wei

原料选用

主料：冬笋尖 1 个（150 克）。

辅料：黑松露 1 克。

调料：生抽 5 克、老抽 5 克、葱油 15 克、盐 2 克、糖 10 克、料酒
　　　10 克、素蚝油 5 克、香醋 2 克、青尖椒 80 克、鲜藤椒 30 克、
　　　小香葱 20 克、素清汤 250 克、色拉油 100 克。

工艺流程

1　将青尖椒、鲜藤椒、小香葱洗净沥干，放入搅拌机，再放入素耗
　　油和色拉油，粉碎成泥后过滤。

2　冬笋尖中间切开取出笋肉，留笋衣备用，笋肉切小块入水煮 5 分
　　钟去除苦涩味。

3　煮好的冬笋块一分为二沥干，小香葱用葱油炒香，放入一半冬笋块，
　　翻炒至表面微微起焦，放入料酒及素清汤，大火烧开后改小火慢
　　烧至汤汁浓稠，放入生抽、老抽、糖、盐调味，大火收汁，起锅
　　时锅边点香醋，装入其中一半笋衣内。

4　锅中放入鲜藤椒泥小火慢炒，放入另一半冬笋块，用盐、糖等调味，
　　炒制入味后酿入另一半笋衣内，与前面的笋衣一同装盘，最后撒
　　上黑松露即可。

技术关键

在烧制的过程中，火候的控制非常重要，油量不宜过多。

菜品特点

虽然技法用的是油焖，吃起来却不腻，油焖使得酱汁浓稠，冬笋尖自
身的水分被替换成了滋味丰富的酱汁，口感脆嫩，且色泽发亮，一半
浓油赤酱具有独特的焦香味，另一半为鲜藤椒味，综合口感层次丰富，
两种色泽两种口味，另有黑松露加持，彰显菜品大气独特。

营养惠益　冬笋尖性凉，有清热化痰作用，其富含维生素和膳食纤维，
有助于增强免疫力、促进消化；搭配有"餐桌上的黑钻石"之称的
黑松露，可以滋补强身，提高免疫力。此外，青尖椒富含维生素 C，
有助于增强抗氧化能力；鲜藤椒和小香葱提供了独特的香气和口感，
素清汤则为菜品增添了鲜美的底味。这道菜融合了油焖与快炒的烹
调技法，不仅口感上佳，而且营养丰富，特别适合体质虚弱人群。

文化内涵　黑松露被誉为"黑色钻石"或"地下黄金"，其稀有性
和高昂的价格使其成为奢华与珍贵的象征；冬笋尖寓意生机与希望，
两者结合有独特、生机等多重含义，不仅是美食，更是一种生活态
度和品位的体现。

12 素衣渣饼嫩豆昔

菜品创意
把豆子用不同的烹调技法制作成三种
产品，然后融合在一起成为一道特色
菜品。

烹调技法
烤、炸、冻。

素·味
su
wei

原料选用

主料：豆浆 200 克、豆衣 50 克、豆腐渣 100 克。

辅料：高淳萝卜干 30 克、鱼胶片 20 克、鸡蛋 1 个。

调料：盐 5 克、糖 3 克、味精 4 克。

工艺流程

1　豆腐渣加入鸡蛋液调味做成饼状，入烤箱150℃20分钟烤成松饼。

2　豆衣 130℃油温炸至起泡。

3　豆浆加鱼胶片做成嫩豆昔。

4　将高淳萝卜干切碎，放在炸好的豆衣上面。

5　把豆腐渣松饼用模具切成型放在底部，接着放有高淳萝卜干的豆衣，再把嫩豆昔放在最上面即可。

技术关键

豆衣在炸制时油温的控制。

菜品特点

一豆三法、清素可口、高雅亮丽。

营养惠益　此菜肴是豆子三种产品融合而成，创意新颖、营养丰富。豆浆是植物性食品中富含优质蛋白质的代表，这些蛋白质有助于维持肌肉、骨骼、血液、组织的形成和修复，同时有助于提高免疫力。豆衣含有钙、锌等对人体有益的矿物质，具有利尿、止血、通小便的功效，对于水肿等症状有一定的缓解作用。豆腐渣中含有丰富的膳食纤维，可以刺激肠道蠕动，缓解便秘。

文化内涵　黄豆起源于中国，是新石器时代的重要栽培物之一。黄豆在中国古代不仅是重要的粮食作物，还是重要的蛋白质来源，在中国文化中有着丰富的象征意义，被视为滋养、防饥、安神、益智和增寿的食物。

13　桃胶冻

菜品创意
利用桃胶晶莹剔透的特
性让菜肴精致诱人。
烹调技法
冻。

原料选用
主料：桃胶 50 克。
辅料：凝胶片 25 克、水 400 克。
调料：盐 3 克、糖 2 克。

工艺流程
1 桃胶浸泡开后洗净沥干。
2 凝胶片加入 400 克水溶化后调味。
3 把桃胶放入模具，再放入凝胶水。
4 取出摆盘装饰。

技术关键
1 桃胶要清洗干净并完全涨发开。
2 凝胶片和水的比例要准确。

菜品特点
晶莹剔透，口感清爽。

营养惠益　桃胶富含多种矿物质，如钙、铁、锌等，具有滋阴润燥、美容养颜、延缓衰老的功效。此外，桃胶还含有多糖体，能增强人体免疫力，有助于改善消化和调节血糖。桃胶与凝胶片结合制成冻品，口感清爽，具有美容效果，特别适合女性食用。

文化内涵　桃胶的历史可追溯到唐代，诗人李贺在《南园十三首·其三》中就有描述桃胶的诗句：桃胶迎夏香琥珀，自课越佣能种瓜，这表明桃胶在唐代已经是一种具有吸引力的特色食材。

14 素食冷拼

菜品创意

把多种制作好的素菜拼摆在一个盘子里，
经过艺术加工让食客有更多美的体验。

烹调技法

冻、卷、泡、酿、拼。

素·味 su wei

原料选用

主料：板栗 50 克、佛手瓜 50 克、百合 100 克、白芸豆 50 克、青豆 30 克、白茄子 50 克、丰水梨 1 个（200 克）。

辅料：手指柠檬 1 个、黑蒜 1 粒、大头菜 10 克、鱼胶粉 30 克、咸鸭蛋黄 10 克、牛奶 50 克。

调料：盐 4 克、糖 5 克、红糖桂花酱 10 克、分子醋 2 克、红油汁 20 克。

工艺流程

1　板栗去壳洗净蒸熟，加入牛奶和鱼胶粉一起粉碎后放入模具做成板栗状。

2　佛手瓜去皮切成细丝腌制后挤干水调味，丰水梨洗净切成薄片用来把佛手瓜丝包成卷，配手指柠檬装饰。

3　百合蒸熟加入鱼胶粉粉碎后调味过滤，再放入模具冷冻定型，取出后放入红糖桂花酱。

4　白芸豆和青豆洗净分别蒸熟后加入鱼胶粉粉碎，再用保鲜膜手工做成卷。

5　白茄子切成小段，中心挖空酿入咸鸭蛋黄蒸熟后浸入红油汁里入味。

6　把以上五样做好的素食装盘，用黑蒜、大头菜、分子醋、百合点缀即可。

技术关键

1　各种食材蒸熟粉碎后要过滤。

2　注意鱼胶粉的用量，不能过多。

菜品特点

装盘精致、美观大方，菜肴入口绵香软糯、口感丰富。

营养惠益　此菜肴搭配多种蔬菜原料，是一款色香味俱佳的营养健康菜肴。其中板栗和豆类含有淀粉酶、多酚氧化酶等，有利于脾胃的消化吸收。佛手瓜含有大量的植物纤维，能够有效增强肠道蠕动，促进肠道健康。百合含有大量的黏蛋白、维生素及微量元素，能有效阻止血脂在血管壁的沉积，预防心脑血管疾病，具有益志安神、延年益寿的功效。

文化内涵　冷菜拼盘在中国有着悠久的历史，早在宋代就有经典的冷菜组合拼盘，现在的食客更加注重菜肴的精美和口味的变化，以及菜肴营养的均衡及丰富，开发素食拼盘是现在食客的一种健康追求，同时也是对传统文化的挖掘和传承。

热 菜 类

RE CAI
LEI

素味

1 藜麦煎酿羊肚菌

菜品创意

杂粮与菌菇的组合，营养互补，
酿煎结合，口感酥脆，食用后
对菜品记忆深刻。

烹调技法

煎、酿。

素·味 su wei

原料选用

主料：羊肚菌 3 个。

辅料：藜麦 10 克、香芋 50 克、糯米粉 3 克、新鲜向日葵花 1 朵、黑豆 10 克。

调料：色拉油 10 克、盐 3 克、糖 3 克、味精 2 克。

工艺流程

1 羊肚菌清洗干净后沥干；香芋上笼蒸 20 分钟取出，加入糖、味精打成蓉调味做成馅，酿入羊肚菌内用糯米粉封口；新鲜向日葵花用 5% 的盐水浸泡 15 分钟后取出沥干。

2 藜麦提前泡水 10 小时，上笼蒸 60 分钟后放入 170℃ 油温炸至酥脆，再放入向日葵花中备用。

3 黑豆烤熟，放在盘子垫底，放入向日葵花。酿好的羊肚菌蒸熟后用油煎香，叠放在藜麦上。

技术关键

1 炸藜麦时一定要将油温控制在 170℃。

2 香芋馅料酿至羊肚菌饱满即可。

菜品特点

菜肴造型新颖，羊肚菌酿香芋口感绵甜、酥脆，让菜肴呈现多层次口感。

营养惠益　羊肚菌是世界公认的著名珍稀食药兼用菌，其味甘性平、香味独特、营养丰富，富含机体所需的氨基酸等营养物质，具有健脾补胃、消食化痰理气的功效。此道菜选用珍贵的羊肚菌，配以具有散积理气、健胃清热功效的香芋、藜麦和黑豆，提高了菜品的营养价值，采用煎酿的烹饪技法更是易于保留食材中的营养物质，菜品鲜香适口，清淡而又营养，是一道补益健康的佳品。

文化内涵　羊肚菌早在古代就被人们所认知和使用，特别是明神宗因服用羊肚菌而病情痊愈的故事，进一步凸显了它在古代社会中的重要地位。这道菜选用云南高原特色农产品藜麦与之搭配，花卉造型装盘充分体现了云南独特的民族风格。

2　养蔬色拉焗牛油果

菜品创意
灵感来源于芝士焗生蚝的烹调技法，用烤焗的方法烹制蔬菜水果，口感独特。

烹调技法
烤焗。

素·味
su
wei

原料选用

主料：牛油果半个（80克）。

辅料：胡萝卜10克、土豆10克、荸荠10克、姬松茸5克、鸡蛋1个。

调料：素色拉酱15克、 味精2克、盐500克、橄榄油5克。

工艺流程

1　将牛油果一切为二，取其中半个去除果核，把果肉取出做成蓉。

2　将胡萝卜、土豆、荸荠、姬松茸分别切成2毫米的丁，清水煮熟备用。

3　将500克盐加入一个蛋清拌匀，用盐模压成型放入烤箱180℃烤10分钟取出备用。

4　将胡萝卜丁、土豆丁、荸荠丁、姬松茸丁放入牛油果蓉内，加入橄榄油并调味，再放回牛油果壳内，表面裱上素色拉酱，入烤箱上火180℃，底火200℃，烤20分钟，至表面微焦金黄，拿出放在提前烤好的盐模上装盘即可。

技术关键

烤制时注意温度和时间的把控，表面不可烤焦发黑，以免影响口感。

菜品特点

口味清甜香醇，开胃养颜，唇齿留香。

营养惠益　此道菜肴选料精细，丰富的食材是一大特色，选择富含钾、维生素E、叶酸、维生素B_6以及亚油酸等必需脂肪酸的牛油果配以富含β-胡萝卜素、磷、水、粗蛋白、可溶性糖类、粗纤维等营养物质的辅料，尤其是荸荠中还含有抗菌成分，姬松茸中还含有多种维生素和麦角甾醇。整道菜肴味纯鲜香，还对补益机体健康、降低血压、防治心脑血管疾病等具有一定效果，食用价值颇高。

文化内涵　焗不仅是一种烹饪方法，也蕴含着丰富的文化意义。焗制法在中国始于陶器制作，运用到烹饪中具有防止热量散失、加快烹调速度等作用。这道菜中西结合、技法独特。

3   春色田园卷

菜品创意
春天的食材运用传统卷的手法
制作出春意盎然的菜肴。

烹调技法
炸。

素·味
su
wei

原料选用

主料：新鲜笋瓜 50 克、黄节瓜 100 克。

辅料：脆丝 20 克、威化纸 1 张、鱼胶粉 10 克、鸡蛋液 30 克，分子醋粒 3 克。

调料：盐 3 克、味精 2 克、白糖 10 克、橄榄油 3 克。

工艺流程

1 将新鲜笋瓜切丝，用橄榄油炒香放入调料拌匀取出，用威化纸包好浸鸡蛋液，再用脆丝包裹后 170℃油温炸至酥脆。

2 黄节瓜蒸熟粉碎加入鱼胶粉和白糖，冷却成型后揉碎放在盛器上做装饰。

3 在黄瓜碎上放炸好的卷再点缀分子醋粒。

技术关键

1 脆丝要裹制均匀，炸制过程中要把控好温度。

2 笋瓜丝要沥干再包。

菜品特点

一炸一烤，一咸一甜，巧妙融合。

营养惠益　此道菜品的主料笋瓜热量低，富含的维生素 A 对夜盲症有一定的功效；含糖量低，可以用作糖尿病患者的补充食物；富含维生素 C 和 β- 胡萝卜素，具有较好的抗氧化作用；除此之外，还含有丰富的钾等矿物质及多种维生素，具有降低血压、抗炎、促进消化、美容养颜之功效。但烹饪过程选用了炸的方式，油脂使用量较高，故应注意食用量，不宜过多。

文化内涵　这道菜体现了乡村田园的特色，通过美食传承乡村文化和历史。春季是一个五颜六色的季节，因此选用了应季的食材进行制作，色彩清新。

4 茶香禅食养生蔬

菜品创意

装盘后撒抹茶粉给菜肴增加一些茶香，让禅食养生更有韵味。

烹调技法

酿。

原料选用

主料：番茄 10 个（500 克）。

辅料：铁棍山药 150 克、鸡头米 100 克、分子醋粒 10 克、素高汤
　　　200 克、蔬菜苗 5 克。

调料：盐 4 克、味精 3 克、糖 3 克、抹茶粉 5 克。

工艺流程

1　将番茄洗净，焯水去皮去瓤备用。

2　铁棍山药去皮斜切成 2 厘米宽、3 厘米长、半厘米厚的片焯水煮熟。

3　鸡头米洗净焯水后粉碎成蓉。

4　鸡头米蓉加入 200 克素高汤烧开调味后放入山药片收浓。

5　把烧好的山药片连同汁一起酿入番茄里，放分子醋粒和蔬菜苗装
　　饰后装盘撒抹茶粉。

技术关键

山药要煮软，鸡头米蓉在加热时要防止煳底。

菜品特点

菜肴色泽美观，营养均衡，口感软糯，风味十足。

营养惠益　番茄味甘酸性微寒，能生津止渴、清热解毒、凉血养肝。
配以具有益肾固元功效、俗称"水中人参"的鸡头米，可起到提高
机体免疫力的功效。此道菜肴色泽鲜明，在烹饪方式上选择酿制，
不仅口感软糯鲜美，而且最大程度保留营养素，是一道老少皆宜的
佳肴。

文化内涵　中国古代对于山药最早的认知始于《神农本草经》，该
书把山药列为上品。作为江南水八仙之一的鸡头米更是让很多文人
追捧，宋代大文豪苏东坡就曾食用芡实养生："人之食芡也，必枚
啮而细嚼之，未有多嗫而亟咽者也。"

5 鲍汁猴脑菌

菜品创意
创意来源于鲍汁扣辽参。

烹调技法
烩。

原料选用
主料：猴脑菌 1 个（100 克）。
辅料：菜胆 1 颗、菌高汤 300 克。
调料：素鲍汁 100 克、盐 30 克、味精 8 克、糖 15 克。

工艺流程
1 将猴脑菌用清水浸泡 12 个小时，洗净后用菌高汤煲制 3 个小时装盘备用，菜胆洗净焯水备用。
2 菌高汤加素鲍汁、盐、味精、糖调味，勾薄芡淋在猴脑菌上即可。

技术关键
掌握猴脑菌浸泡的时间，猴脑菌一定要煲够时间。

菜品特点
大气美观，营养均衡，猴脑菌口感爽脆，味道浓郁。

营养惠益　猴脑菌是一种能够提高免疫力、增强身体健康的食物。研究表明，猴脑菌含有多种营养物质，主要包括维生素 A、B 族维生素，以及钙、磷、铁、钾、镁等矿物质，除此之外，还包括 β- 葡聚糖、三萜类化合物等，这些物质对人体具有较多的益处，如提高免疫力、抗疲劳、降血脂、调节血糖、促进肠道蠕动等。

文化内涵　猴脑菌以其肉质细腻、味道鲜美而闻名，其名称因产地和地区的不同而有所差异。南方地区通常称之为黑猴头菇，而在山东等地，人们常将其称为猴菌、核桃菇、核菌等。猴脑菌是一种美味的食材，可用多种烹饪方式制作，如凉拌、清炒、煮汤、炖汤和拼盘等，其制成的菜肴不仅口感佳、弹性好，而且具有良好的药用价值，深受消费者喜爱。

6　素斋扣肉

菜品创意
运用传统梅干菜扣肉的制作方法，变换食材制作出来的菜肴。

烹调技法
扣、蒸。

素·味
su
wei

原料选用

主料：冬瓜 500 克。

辅料：香菇 100 克、豆腐 100 克。

调料：盐 5 克、味精 2 克、素耗油 10 克、鸡饭老抽 8 克、白糖 5 克、
八角 1 个。

工艺流程

1 将冬瓜去皮，修成肉块状剞上十字花刀，抹上鸡饭老抽，将香菇
切丁和豆腐拌成肉馅状馅料。

2 起锅宽油，下入冬瓜炸至虎皮状捞出，然后改刀切成肉片状，摆
入碗中，并放入馅料压实。

3 碗中倒入开水，放入调料调成料汁，倒入摆好的冬瓜中，大火蒸
制 15 分钟。

4 从蒸箱取出，把碗中的料汁倒入锅中，水淀粉勾芡，淋上尾油，
再浇入扣好的冬瓜上面即可。

技术关键

1 冬瓜切成 0.5 厘米厚的肉片状。

2 炸出虎皮。

菜品特点

精致美观、口味香浓、纯素食原料。

营养惠益 冬瓜性寒味甘，可以清热生津、避暑除烦。冬瓜中水分
含量较高，所含的丙醇二酸可抑制碳水化合物转化为脂肪，具有利尿、
化痰、解毒等作用，能减少体内过度堆积的脂肪，是较好的减肥食材。
配以富含多种酶和氨基酸的香菇和优质蛋白质来源的豆腐，可以增
强机体抵抗力。此道仿荤菜肴，不仅味美可口，而且有利于机体健康。

文化内涵 梅干菜扣肉这道经典的中国菜肴起源于宋代，流传至今，
已成为南方地区广为人知的美食之一。这道素斋扣肉用冬瓜代替肉做
到荤菜素做，更符合现代人健康养生的理念。

7　金汤芙蓉白玉

菜品创意
灵感来源于芙蓉虾仁。

烹调技法
滑炒。

素·味
su
wei

原料选用

主料：鸡蛋 5 个、豆浆 150 克、金椒酱 30 克、南瓜蓉 20 克、熟黄豆粉 10 克。

调料：橄榄油 30 克、盐 3 克、味精 2 克、生粉 5 克。

工艺流程

1 豆浆中加入 3 个蛋清、盐、味精搅拌均匀，放入圆形模具上笼蒸 8 分钟，制作成豆腐，装入器皿中。

2 余下 2 个蛋清加入生粉搅拌均匀。不粘锅中加入少许水，烧沸后放入搅拌好的蛋清，小火滑炒，制作成芙蓉扒在自制的豆腐上。

3 锅内放入橄榄油加入金椒酱、南瓜蓉炒香，放入少许水调好口味，勾薄芡，浇在芙蓉豆腐周围，撒上炒香的熟黄豆粉，点缀即可。

技术关键

自制豆腐在蒸的时候，火力不宜过大。焯水的时候水温不宜太高，要保证菜肴的滑嫩口感。

菜品特点

色泽艳丽，入口滑嫩，健康养身。

营养惠益 蛋清是优质蛋白质的来源，含有多种维生素和矿物质，具有清热解毒、杀菌的功效。豆浆含有丰富的钙、镁、卵磷脂，可以提高脑细胞功能，还含有丰富的蛋白质和硒、钼等元素，具有一定的防癌功效。这道菜肴搭配色彩鲜艳，口感鲜美，营养丰富，具有健脑益智、降血脂、延缓衰老、促进消化等功效。

文化内涵 芙蓉原指刚开放的荷花，清新美丽，象征着纯洁。而在菜肴制作中"芙蓉"的主要原料是蛋清，成菜后外观洁白，口感清爽、嫩滑。这道菜结合金汤完成制作，色彩怡人，风味独特。

8 藜麦金丝笋

菜品创意
灵感来自香辣土豆松。

烹调技法
炸、煸炒。

素·味 su wei

原料选用

原料：鲜笋 400 克、藜麦 50 克、葱丝 30 克。

调料：福临烧汁 30 克、美极鲜 5 克、辣鲜露 5 克。

工艺流程

1 把鲜笋洗净入锅大火烧开，小火煮 20 分钟取出冲凉，切成如干丝般细丝，再入 170℃油锅炸酥。

2 藜麦蒸熟后入 170℃油锅炸酥。

3 锅里放少许油，倒入炸好的笋丝、藜麦，调味煸炒 5 秒钟，撒入葱丝，出锅装盘即可。

技术关键

1 炸藜麦时把油温控制在 170℃。

2 煸炒速度要快，不可长时间煸炒。

菜品特点

笋丝如针、入口酥脆。

营养惠益　鲜笋享有"蔬菜皇后"之美称，口感脆嫩，含有丰富的天然植物碱，具有降血压、抗氧化等功效。藜麦含有泛酸、叶酸、赖氨酸等，是大脑细胞再生的必需营养成分，适量吃藜麦可以提高脑细胞的活力。此道菜肴酥脆香浓，富含膳食纤维，具有增强食欲、润肠通便、增强体质等功效，老少皆宜。

文化内涵　笋在中国不仅是美味的代表，还是文人雅士心中的雅食。松、竹、梅被称作"岁寒三友"，竹子自然成为清高的象征。同时，"雨后春笋"形容勃勃生机，具有顽强博大和纯粹的象征。

9　梅干菜"稻草肉"

菜品创意
灵感来源于传统红烧肉和稻草扎肉。

烹调技法
烧。

素·味
su
wei

原料选用
主料：红皮南瓜 500 克、荔浦芋头 100 克。
辅料：萝卜条 50 克、梅干菜 100 克。
调料：桂花酱 100 克、蘑菇粉 8 克、辣鲜露 5 克、水 500 克、生抽
       8 克、七味粉 4 克、老干妈豆豉辣酱 50 克。

工艺流程
1　将红皮南瓜和荔浦芋头改刀成 5 厘米大小的块，另将萝卜条用温
   水泡发，把南瓜和芋头一起捆扎成"素稻草肉"备用。
2　把"素稻草肉"用 120℃油小火慢炸至软糯后取出。
3　把调料放在一起拌匀成老干妈桂花汁水，再放入"素稻草肉"翻
   炒均匀，与梅干菜一同装盘即可。

技术关键
1　油温不能过高，防止炸坏影响造型。
2　酱汁烧好要过滤干净，保证酱汁清爽。

菜品特点
形态逼真、口感软糯香甜、回味悠长。

营养惠益　红皮南瓜含有丰富的蛋白质、维生素、矿物质等营养成分，适量食用可以为人体补充所需的营养物质，并且可以促进新陈代谢，增强免疫力。荔浦芋头为碱性食品，含有丰富的蛋白质、碳水化合物、矿物质和 B 族维生素，其中氟的含量较高，具有洁齿防龋作用。此道菜肴口感细软，具有美容养颜、止咳化痰、健脑益智的功效。

文化内涵　稻草扎肉是传承了千年的徽州美食，用稻草将五花肉捆绑起来避免熟烂的肉块碎掉，同时可以让肉块带有稻草的香味。这道菜用红皮南瓜和荔浦芋头搭配制作，不仅口感软糯，还充分体现了现代养生思想。

10　五味人参

菜品创意
仿生造型菜肴。

烹调技法
烧。

素·味
su
wei

原料选用

主料：新鲜人参 1 根（120 克）。

调料：蜂蜜 50 克、冰糖 50 克、五味子 20 克、白酒 10 克、纯净水 1000 克。

工艺流程

1. 将新鲜人参用水冲泡 6 小时，然后将白酒加入纯净水中一起浸泡 人参 10 个小时，浸泡过程中加五味子。
2. 加入冰糖和蜂蜜，蒸 3 小时即可。
3. 用平底锅收稠糖汁装盘即可。

技术关键

1. 掌握人参浸泡的时间。蒸制时一定要蒸够时间。
2. 收汁时一定要掌握火候。

菜品特点

大气美观，营养均衡，口感软糯，风味十足。

营养惠益　人参味甘、微苦，性微温，有"百草之王"的美称，是一种滋补佳品，归脾、肺、心、肾经，具有补脾益肺、生津养血、安神益智等功效。五味子味酸、甘，性温，归肺、心、肾经，具有益气生津、补肾宁心的功效。五味人参口感鲜美，风味独特，具有大补元气、健脾补肺、收敛固涩、生津止渴、安神宁心的功效。

文化内涵　人参和五味子合用具有大补元气、健脾补肺、收敛固涩、生津止渴、安神宁心的功效，这道菜具有一定的药膳食疗作用。

11 冰川茄子

菜品创意
利用食材的特点结合炸、烹
的烹调技法进行制作。

烹调技法
炸、烹。

素·味
su
wei

原料选用

主料：高山茄子 500 克。

辅料：脆炸粉 200 克、水 170 克、色拉油 50 克。

调料：蚝油 15 克、味精 7 克、盐 3 克、糖 20 克、鸡精 5 克、海鲜酱 2 克。

工艺流程

1 高山茄子去皮改刀成长 6 厘米、宽及厚为 1.5 厘米的菱形块。脆炸粉加水调制成脆炸糊放色拉油调匀。

2 茄子放入调制好的脆炸糊中，油温 120℃初炸定型、170℃复炸至呈金黄色捞出。

3 锅中放入调料拌匀收浓后放入炸好的茄子翻炒均匀即可。

技术关键

1 脆炸粉加水和色拉油，调至丝滑即可。

2 将切好的茄子放入调制好的脆炸糊中挂糊。

3 油温 120℃初炸定型、170℃复炸脆出锅。

4 酱汁要收浓后再裹在茄子上。

菜品特点

酥脆香甜、外脆里嫩。

营养惠益 　茄子含有维生素 E，有防止出血和抗衰老功能；含有皂苷，有护肝和降低机体血液胆固醇的作用；含有维生素 P，具有保护心血管的作用。此菜肴香甜酥脆，具有护肝、降血压、抗衰老等功效，适合不同年龄段的人群食用，满足人体对营养素的需求。

文化内涵 　冰川是地球上壮丽的自然景观之一，记录了地球的气候变化的信息。这道菜用茄子作为主要原料，以形似冰川而得名。

12　酥炸山药

菜品创意
灵感来源于传统脆皮菜肴的制作。

烹调技法
炸。

原料选用

主料：铁棍山药 300 克。

辅料：生粉 30 克、自制浆糊。

自制浆糊配方：生粉 500 克、水 250 克、色拉油 100 克、熟咸蛋黄
碎 25 克、鸡蛋黄 5 个、盐 2 克。

工艺流程

1　山药改刀成 8 厘米长条，去皮，撒上少许盐蒸 10 分钟。

2　吸干水分，裹上少许生粉，再裹上自制浆糊。

3　放入 180 ℃油锅里炸至金黄酥脆。

技术关键

1　自制浆糊在制作时需要按顺序放入调料，搅拌成奶油状。

2　油温控制在 180 ℃。

菜品特点

咸香酥脆。

营养惠益　此道菜肴以山药为主要原料，含有淀粉酶、多酚氧化酶、
黏蛋白、维生素及微量元素等物质，具有改善体质、健脾益胃、滋
肾益精等功效。蛋黄富含 DHA（二十二碳六烯酸）和卵磷脂、卵黄素，
对神经系统和身体发育有利，能健脑益智、改善记忆力，并促进肝
细胞再生。此道菜肴味美酥脆，营养丰富，能有效促进消化，增强
机体免疫力。

文化内涵　铁棍山药是山药品种之一，是淮山药中的精品，因有像
铁锈一样的痕迹而得名。其营养好、药用价值高，在古籍中便有入
药的记载。

13　小酥米土豆丝

菜品创意
采用粤式干捞鱼翅的做法。

烹调技法
炸、炒。

原料选用

主料：黄皮土豆 300 克。

辅料：小米 30 克、香菜 20 克、葱花 5 克、蒜蓉 10 克、泰椒粒 3 克。

调料：盐 3 克、糖 2 克、鸡粉 2 克、老抽 5 克。

工艺流程

1　黄皮土豆切丝，小米蒸熟。

2　花生油起锅烧至 180℃把小米油炸至酥脆，下入土豆丝加入其他辅料、调料拌匀。

3　炒至外脆内润即可。

技术关键

以炸炒方式制作，口感外脆内润。

菜品特点

香酥。

营养惠益　土豆含有丰富的维生素 C、维生素 A、维生素 B_1、维生素 B_2、钙、铁、磷等，对预防口角炎、维生素 C 缺乏症有很大的帮助。小米具有清热解渴、健胃除湿、和胃安神、滋阴养血、调理产妇虚寒体质的功效；小米含有丰富的 B 族维生素，可以预防口角生疮和消化不良。此菜肴色泽金黄、香酥软糯，具有清热解毒、健脾和胃和延年益寿等功效。

文化内涵　干捞鱼翅是中国饮食文化中的一种传统美食，鱼翅作为中国四大"美味"之一，与燕窝、海参和鲍鱼齐名，在中华美食中具有重要地位。随着时代的发展，人们开始提倡环保和动物保护，用素味原料替代鱼翅既能满足消费者对美食的追求，也能减少对环境的破坏。

14 青柠焗百合

菜品创意

灵感来源于粤菜焗焗煲的做法。

烹调技法

焗。

原料选用

主料：兰州九年百合 1000 克。

辅料：蒜子肉 100 克、大洋葱 100 克、老姜 100 克、青柠檬 170 克。

调料：蒸鱼豉油 10 克、美极鲜 3 克、蜂蜜 2 克、木姜子油 3 克、
色拉油 300 克。

工艺流程

1　兰州九年百合清洗干净改刀，使之大小一致，大洋葱、老姜切成
　　丁和蒜子肉一起炒香。

2　蒜子肉、洋葱丁、老姜丁垫底后，放一片竹网垫，把百合有序放
　　在上面，把除色拉油、木姜子油外的调料拌匀淋在百合上再放入
　　色拉油，焗 15 分钟后倒出色拉油。

3　青柠檬用碎刨花刀刨皮撒在百合上，再淋木姜子油。

技术关键

1　加色拉油时油要漫过百合，焗制时火力要均匀。

2　青柠檬只刨皮，均匀刨落在百合上。

菜品特点

香糯甘甜。

营养惠益　百合性味甘淡，是一种非常健康的食材。百合的蛋白质
含量较高，具有促进生长发育、修复组织、增强免疫力等作用；还
含有丰富的矿物质，如钾、铁、钙等，对于维持心脏健康、促进血
液循环、强健骨骼等均有益处。此菜肴口感和味道非常出色，百合
的脆嫩搭配蒜子肉和洋葱的清香，具有养阴润肺、清心安神的功效。

文化内涵　兰州九年百合生长周期长，是中国唯一的甜百合，因其
生长周期长被誉为"花中皇后"，也被称为"蔬菜人参"，即食脆甜、
煲汤清甜，具有清热祛火的功效。

15　剁椒蒸臭豆腐

菜品创意
灵感来源于剁椒鱼的制作方法。

烹调技法
蒸。

素·味
su
wei

原料选用

主料：盛泽臭豆腐 200 克 。

辅料：湘妹子剁椒 50 克 、红椒 20 克、葱 3 克、姜 3 克、蒜 5 克。

调料：蒸鱼豉油 5 克、味精 3 克、红油 15 克、盐 2 克 。

工艺流程

1 盛泽臭豆腐用清水洗净，斜对角改刀成三角形块。

2 红椒切成小指指甲大小的片，葱、姜、蒜切碎和湘妹子剁椒一起
拌匀再放入调料拌匀。

3 摆盘后铺上剁椒蒸 7 分钟。

技术关键

红椒切成片后需用盐腌制 20 分钟，沥干后再使用。

菜品特点

入口软绵，闻着微臭，吃着鲜香，回味悠长。

营养惠益 臭豆腐是国内比较流行的一种美食，主要是用豆腐制作而成，富含蛋白质、氨基酸、钙、B 族维生素等营养成分，能增进食欲、增强免疫力，还有健胃和调节肠道的作用。臭豆腐吸收了剁椒的鲜、香、辣，使得整道菜肴味道丰富、香气扑鼻，极大地丰富了菜肴的口感和营养价值。

文化内涵 据记载臭豆腐是在清代时期，由一位名叫"王致和"的安徽人发明的，由于当时天气炎热，豆腐难以保存，于是尝试用盐腌制，结果意外发现了臭豆腐的独特风味，从而逐渐流传开来。

16　素汤手工黑豆腐

菜品创意

采用传统豆腐的制作工艺，将原料更换为黑豆，再加入鸡蛋和竹炭粉进行制作。

烹调技法

蒸。

素·味
su
wei

原料选用

主料：黑豆 500 克。

辅料：竹炭粉 15 克、鸡蛋 20 个、黑松露 1 克。

调料：素高汤 200 克、盐 4 克、蘑菇精 5 克、南瓜泥 50 克。

工艺流程

1 将黑豆泡水 12 小时后沥干，取 20 克煮熟去皮备用，剩余黑豆加入 1250 克水放入破壁机中粉碎。

2 将黑豆浆用纱布过滤出浆，依次加入竹炭粉、鸡蛋低速搅拌均匀，防止空气进入。

3 将豆浆放入磨具中，中小火蒸 30 分钟，取出改刀成长 6 厘米、宽 6 厘米、厚 3 厘米的块，用不粘锅煎香备用。

4 盛器里放入煎好的黑豆腐，素高汤加入南瓜泥烧开调味后放入盛器，点缀黑松露和去皮黑豆即可。

技术关键

1 豆腐制作过程中要控制好豆浆和鸡蛋的比例，要突出豆香味。

2 搅拌时不宜打入空气，以防起孔。

菜品特点

色泽黑亮、豆香浓郁、口感嫩滑。

营养惠益 黑豆是一种高蛋白低脂肪的食物，含有丰富的 B 族维生素、维生素 E、膳食纤维和低聚糖等营养成分，味甘、性平，具有清热解毒、调节肠胃功能、降低胆固醇、补肾壮阴及补虚黑发的功效。本道菜品以黑豆为主要原料，尤其适合减重人群。

文化内涵 明代李时珍《本草纲目》考证了豆腐美食的历史渊源，"豆腐之法，始于淮南王刘安"。2014 年，"豆腐传统制作技艺"入选中国第四批国家级非物质文化遗产代表性项目名录，这道神奇的中国美食开始在商品价值之外被赋予更多的文化内涵和传承意义。

17 仿生素鲍鱼

菜品创意
改良自传统仿生菜肴的制作方法。

烹调技法
扒。

素·味
su wei

原料选用

主料：鲜白灵菇 250 克。

辅料：软香米饭 100 克、宝塔菜 30 克。

调料：素鲍汁 500 克。

工艺流程

1　把鲜白灵菇用小刀雕刻成鲍鱼形状。

2　将制作好的素鲍鱼放入 180℃油锅中炸至金黄。

3　放入调制好的素鲍汁中卤制 4 小时取出，宝塔菜焯水。

4　餐具中放入素鲍鱼、软香米饭、宝塔菜，浇上素鲍汁即可。

技术关键

1　素鲍鱼卤制时间要达到 4 小时以上才充分入味。

2　素鲍鱼需要油炸增加香味，控制好油温。

菜品特点

素鲍鱼生动形象，软糯酥烂不失其形。

营养惠益　白灵菇是珍稀的食药两用菌，有"天山神菇"之美称。其外观洁白如雪、肉质细腻、口感脆滑、味道鲜美，含有 10 余种氨基酸和丰富的真菌多糖，具有提高人体免疫力、调节平衡、降血压、降血脂、抗衰老等作用。本道菜品以新鲜的白灵菇为主要原料，不仅口感软糯，而且营养丰富，是一道补益健康的佳品。

文化内涵　这道菜以鲍鱼造型进行设计，用白灵菇雕琢而成。鲍鱼被誉为国粹之首，海味之冠，自古以来就备受推崇。

18 气泡素酿羊肚菌

菜品创意

把鲜、香、甜、嫩的原料组合到一起，为保护它们的本味，采用挂糊锁水的工艺，让五种蔬菜的味道在口中"活泼"起来，口感层次更丰富。

烹调技法

炸。

素·味 su wei

原料选用

主料：羊肚菌 10 克、冬笋 50 克、甜豆 20 克、松仁 10 克、山药 50 克、马蹄 20 克。

辅料：蛋清 2 个、澄面 10 克、糯米粉 10 克、生粉 6 克、色拉油 20 克、泡打粉 1 克、高筋面粉 20 克、辣椒粉 2 克、花椒粉 1 克。

调料：盐 3 克、味精 2 克、糖 5 克。

工艺流程

1 山药去皮洗净蒸熟制成泥备用，提前把辅料调成气泡糊静置 8~12 小时备用。
2 冬笋、羊肚菌、马蹄切丁与松仁、甜豆加调料和蛋清拌匀，包入山药泥中挤成球，拍粉备用。
3 裹上气泡糊，180℃油温炸起泡即可取出。

技术关键

1 气泡糊调制时，先用水和蛋清拌匀，除油外全部混合均匀搅拌，油分 3 次加入。
2 调好的气泡糊醒发 8~12 小时，用签子串上羊肚菌裹上气泡糊，炸成气泡球。

菜品特点

冬笋的鲜加上羊肚菌的香，使用坚果使口感香甜酥，从而使菜品口感丰富有层次。

营养惠益　羊肚菌是珍贵的稀有食用菌之一，香味独特、营养丰富，具有消食和胃、补充营养、提高免疫力、活血化瘀、提高机体代谢等功效。本道菜品以鲜香的羊肚菌为主料，辅以药食同源食材山药和马蹄等制作而成，不仅鲜香酥脆，而且口感丰富，营养健康。

文化内涵　粤菜发泡糊又称高丽糊、雪衣糊、芙蓉糊等，具有轻盈蓬松、色泽洁白的特点。这道菜用发泡糊工艺完成气泡的特殊造型，配以多种原料来丰富菜品的层次。

19　菌香玉脂红参

菜品创意
创意来源于西餐三文鱼卷的手法。

烹调技法
卷。

素·味
su wei

原料选用

主料：胡萝卜 200 克、甜豆仁 50 克、橄榄米 50 克。

辅料：干茶树菇 10 克、干香菇 5 克、鸡枞菌 10 克。

调料：菌菇酱 20 克、盐 3 克、油 10 克、味精 3 克、生抽 2 克、生
　　　粉 4 克。

工艺流程

1　将胡萝卜洗净去皮煮熟，改刀成长 7 厘米、宽 2 厘米的片。

2　辅料浸泡好切碎，焯水洗净，蒸熟，将甜豆仁焯水、橄榄米煮熟
　　待用。

3　橄榄米和菌菇碎中加入菌菇酱等调料，拌匀。

4　用胡萝卜片把拌匀的橄榄米包成卷，再蒸 3 分钟。

5　甜豆仁焯水后沥干垫底，再放上胡萝卜卷装饰即可。

技术关键

1　胡萝卜一定要煮透，不然很难入味。

2　菌菇要蒸熟蒸透。

菜品特点

颜色搭配合理，口感软嫩，鲜香味美。

营养惠益　胡萝卜里含有丰富的胡萝卜素以及维生素 C、B 族维生
素等营养元素，具有增强免疫力、改善贫血、改善视力和预防便秘
的功效。胡萝卜与各种菌类搭配在一起烹制，不仅可以提供足够的
营养价值，还可以促进肠道蠕动、预防便秘，是色香味俱全的营养
佳品。

文化内涵　三文鱼卷在日本料理中占据着重要的地位，其制作工艺
和食用方式体现了日本料理的精髓。这道菜将三文鱼卷的工艺进行
改良，选用胡萝卜作为主要原料进行制作，不仅色彩鲜亮，配以菌
菇更是风味独特。

20 柠檬炙烤牛肝菌

菜品创意
灵感来自传统西餐芝士焗类菜
肴的制作方法。

烹调技法
炙烤。

原料选用

主料：黑牛肝菌 30 克，

辅料：青柠檬 1 个、小青柠半个、迷迭香 5 克。

调料：沙拉酱 20 克、青芥末 5 克、浓缩柠檬汁 5 克。

工艺流程

1　黑牛肝菌用小刀整修一下，改刀成 0.8 厘米厚的片。

2　沙拉酱、青芥末、浓缩柠檬汁按比例混合好，装入裱花袋。

3　黑牛肝菌两面用平底锅煎一下（煎的时候可以放一点迷迭香）。

4　煎好的黑牛肝菌用吸油纸吸完油后，挤上调好的酱。

5　把黑牛肝菌放入烤箱，底火 150℃、上火 190℃，烤制 10 分钟，表面有些许焦黄即可出箱。装盘时表面挤上柠檬汁，盘边摆上小青柠即可。

技术关键

1　黑牛肝菌一定不能切得太薄，否则影响口感。

2　黑牛肝菌烤制的时间要注意，不能烤焦。

3　黑牛肝菌配柠檬汁食用味道更好。

菜品特点

口味鲜美、质地脆嫩、香味浓郁。

营养惠益　黑牛肝菌味道鲜美，不仅营养丰富，蛋白质含量较高，而且富含维生素，如维生素 A、维生素 C 等，有助于增强人体免疫力，具有防癌、止咳、补气等功效。黑牛肝菌亦是一种减肥食品，对高血压、高胆固醇和高血脂等有较好的功效。本道菜品以黑牛肝菌为主料进行炙烤，不仅味道鲜美，而且是补益健康的佳品。

文化内涵　"炙"字在汉字中是一个会意字，上半部分是"肉"，下半部分是"火"，合在一起表示人们在火上烤肉。这象征着中华民族熟食文化的起源，是人类智慧和文明发展的重要标志。

21　御品橄榄萝卜

菜品创意
灵感来源于西餐橄榄造型。

烹调技法
炖。

素·味
su
wei

原料选用
主料：象牙白萝卜1500克。
辅料：虫草花50克、南瓜蓉30克、黄豆1000克。
调料：盐8克、味精8克、白糖5克。

工艺流程
1 象牙白萝卜洗净去皮雕成橄榄状后焯水备用。
2 黄豆和虫草花洗净加入3000克水，放入蒸箱蒸2小时取出过滤，留汤水备用。
3 把象牙白萝卜放入汤水里加入调料烧开，改小火炖至透明后取出，在汤汁经大火收浓后放入南瓜蓉调色，勾芡后取出装盘。

技术关键
1 萝卜焯水要焯透。
2 炖煮时不要过多搅动，防止萝卜造型被破坏。

菜品特点
造型独特，色泽诱人。

营养惠益　象牙白萝卜富含维生素C和多种矿物质，有助于提高免疫力、促进消化、清热解毒。萝卜中的膳食纤维还能帮助降低胆固醇，预防心脑血管疾病。这道御品橄榄萝卜以象牙白萝卜为主料，不仅造型美观、色泽诱人，而且营养丰富，具有清热解毒、增强免疫力和保护心脏的功效，是一道兼具美味和健康的佳肴。

文化内涵　萝卜在中国有着几千年的种植历史，古代称为莱菔，明代李时珍在《本草纲目》中对萝卜的名称演变进行了阐述。萝卜有时还被用来指代某种精神寄托，如"清白""至简"等。

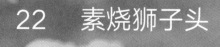

22　素烧狮子头

菜品创意
灵感源于传统名菜红烧狮子头，通过使用素食材料烹制出美味的素烧狮子头，从而满足素食者对经典美食的向往和追求。

烹调技法
蒸、炖、烧。

原料选用

主料：鲜金耳 120 克。

辅料：萝卜 60 克、荷叶 1 片。

素清汤料：黄豆芽 15 克、茶树菇 20 克、胡萝卜 15 克、平菇 20 克、
　　　　　姬菇 20 克。

调料：盐 5 克、味精 5 克、料酒 10 克、生抽 5 克、老抽 3 克、生
　　　姜 20 克、糖 3 克。

工艺流程

1　把素清汤料洗净沥干，加入 1500 克水大火烧开，改小火慢炖 2
　　小时，过滤，留取清汤备用。
2　萝卜切丝，放入 2 克盐腌制控水备用。
3　鲜金耳洗净，去根，切成直径约 5 厘米大小的圆球，放入锅内焯
　　水煮透沥干。
4　腌制好的萝卜丝酿入金耳内，再用荷叶包裹成球状并固定。
5　砂锅内放少许油把姜片炒香，放入素清汤，接着放入金耳球大火
　　烧开，再放入调料调味，待烧开后改小火慢炖 80 分钟即可。

技术关键

1　烧制全程要控制好火候，否则容易糊底。
2　素清汤在制作中一定要注意汤色及时间。

菜品特点

金耳菌的独特外型非常像狮子头，且胶原蛋白含量较高，口感软糯鲜
甜，入口即化。

营养惠益　　鲜金耳是著名的食药兼用菌，富含蛋白质、维生素和多
种矿物质，具有滋阴润肺、清热解毒的功效。金耳中的胶原蛋白能够
增强皮肤弹性、延缓衰老。这道素烧狮子头以鲜金耳为主要原料烹制
而成，不仅美味可口，且富含多种营养成分，具有滋阴润肺、增强免
疫力、抗氧化等多重健康益处，是一道美味营养的素食佳肴。

文化内涵　　狮子头原名葵花斩肉、葵花肉丸，是中国淮扬菜系中的
一道传统菜肴。始于隋代，有着开运吉祥、团团圆圆的美好寓意。

23 烤素肉串

菜品创意
同形替换，素菜荤做。

烹调技法
烤。

素·味
su
wei

原料选用

主料：猴头菇 250 克。

辅料：鸡蛋 1 个、白芝麻 10 克、面粉 15 克。

调料：盐 5 克、味精 5 克、老抽 3 克、辣椒粉 8 克、孜然粉 12 克、
胡椒粉 3 克、小茴香粉 5 克。

工艺流程

1 猴头菇清洗后挤干水，改刀成小方块，加入 3 克盐、2 克味精、3
   克老抽、鸡蛋黄以及少许辣椒粉、孜然粉、小茴香粉拌匀。

2 腌过底味的猴头菇拍面粉，油锅 170℃炸至起壳取出沥干。

3 辣椒粉、孜然粉、胡椒粉、小茴香粉、白芝麻等分别入烤箱
   130℃烘烤 5 分钟后取出加盐、味精拌匀。

4 将猴头菇串起，置碳烤炉上翻烤，撒香料。

技术关键

1 猴头菇内含水分较多，炸前需挤出多余水分。

2 猴头菇易碎，拌腌时动作须轻。

菜品特点

外酥里嫩、咸鲜浓香、形似肉串。

营养惠益　猴头菇富含多种氨基酸，具有增强免疫力、养胃健脾、
安神益智的功效。搭配富含优质蛋白质的鸡蛋，不仅肉质厚实、口
感鲜美，而且营养丰富。此外，白芝麻富含不饱和脂肪酸，具有保
护心脑血管的作用。调料中的辣椒粉富含辣椒素，有助于增强抗氧
化力，孜然粉、胡椒粉和小茴香粉则为菜品增添了独特的风味，同
时也具有一定的保健作用，特别适合需要改善脾胃功能者。

文化内涵　猴头菇在中国被视为珍贵的食用菌，自古就有"山珍猴
头"之说，食用历史悠久，是一种皇室贡品。猴头菇还有健脾养胃、
安神益智等养生功效。

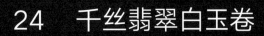

24　千丝翡翠白玉卷

菜品创意
灵感来源于传统千丝万缕虾菜肴的制作。

烹调技法
炸。

原料选用

主料：老豆腐 300 克、豆腐衣 1 包、千丝酥皮 1 盒、荠菜 100 克。
调料：盐 10 克、蘑菇精 5 克、芝麻油 10 克。

工艺流程

1　老豆腐压成泥沥干；荠菜洗净焯水，挤干水后切碎成末。
2　把豆腐泥和荠菜末拌匀，放入调料拌成馅心包入豆腐衣。
3　卷上千丝酥皮，入油锅 160℃油温炸酥。

技术关键

入油锅炸时要控制好油温，不能低也不能过高。

菜品特点

色泽金黄，构思新颖。

营养惠益　此道菜品采用炸制烹饪技法，将老豆腐、豆腐衣、千丝酥皮与荠菜巧妙地结合，不仅在口感上呈现出外酥里嫩的丰富层次，还兼具较高的营养价值。老豆腐富含优质蛋白质、钙和不饱和脂肪酸，可以增强免疫力，具有清热生津的功效。豆腐衣和千丝酥皮则为菜品增添了独特的口感和香气，同时豆腐衣也含有丰富的蛋白质和纤维素。荠菜作为一种常见的蔬菜，富含维生素 C、膳食纤维和多种矿物质，可促进肠道蠕动、维护肠道健康，有和脾利水的功效。一般人群均可食用，特别适合需要补充蛋白质和钙的人群。

文化内涵　翡翠白玉卷是中国传统的工艺品之一，它是由高品质的翡翠和白玉制成的，是身份和地位的象征。这道菜以翡翠白玉卷这一工艺品造型为设计背景，选用多种素菜原料加工制成，体现了健康养生的理念。

25　知了点丹

菜品创意
灵感来源于传统金陵缔子菜
的制作方法。

烹调技法
蒸。

原料选用

主料：水豆腐 200 克。

辅料：马蹄 20 克、青菜心 5 颗、水发香菇 10 枚、鸡蛋清 1 个、胡萝卜 20 克、生粉 10 克。

调料：盐 5 克、味精 5 克、胡椒粉 1 克。

工艺流程

1　制蓉：水豆腐捏碎沥干和马蹄末拌匀，加入鸡蛋清，调味上劲。

2　制知了：青菜心一切为二，用小刀削去菜心，填入豆腐蓉，摆上水发香菇做的翅膀、眼睛和胡萝卜做的花纹。

3　上笼慢火 8 分钟蒸熟。

4　淋上薄芡取出，摆盘。

技术关键

1　水豆腐须干放 4 小时以上，自然沥出水分。

2　制蓉要上劲，有利于造型。

菜品特点

清淡典雅、口感柔嫩、味道鲜美。

营养惠益　水豆腐性凉，富含优质蛋白质和钙、镁等矿物质，能维持骨骼健康和提高免疫力，有清热解毒、生津止渴的作用。马蹄和青菜心富含膳食纤维和维生素，有助于促进肠道健康和预防慢性疾病。水发香菇则提供了丰富的多糖、维生素和矿物质，具有增强免疫力和防癌的功效。此道菜肴融合水豆腐、马蹄、青菜心、水发香菇等多种食材，通过简单的蒸制方式，保留了食材的原汁原味和营养成分，不仅美味可口，更是一道营养丰富、健康养生的佳肴，尤其适合夏季消暑。

文化内涵　蝉在古人心中是一种神圣而又神秘的圣洁灵物，蝉性高洁，只食晨露，犹如仙人一般不染红尘。

26 松茸脆皮豆腐

菜品创意
从鸡蛋豆腐获得的灵感。

烹调技法
蒸、炸。

原料选用

主料：黑豆 250 克、黑芝麻 50 克、鸡蛋清 90 克。

辅料：薄千张 100 克、松茸 30 克、竹炭粉 5 克、葱 10 克、生姜 5 克。

调料：盐 4 克、味精 3 克、胡椒粉 1 克。

工艺流程

1　黑豆、黑芝麻泡透、制浆，加入鸡蛋清，放入蒸箱蒸制成黑豆腐。

2　将薄千张切成细丝，炸成松。

3　生姜、葱打蓉调味。

4　黑豆腐切片，扑上竹炭粉入锅炸后装盘，镶配上姜葱蓉。

5　松茸切片，煎香调味，摆盘。

技术关键

黑豆腐制作时要掌握好鸡蛋清的量，不可过量。

菜品特点

外脆里嫩，鲜美多汁。

营养惠益　黑豆腐含优质蛋白质、不饱和脂肪酸和多种维生素，具有健脾益肾、抗氧化的功效；黑芝麻则含有丰富的钙、磷、铁等矿物质和维生素 E，对健脑益智、抗衰老有着显著作用。而松茸作为珍贵的食用菌，不仅味道鲜美，还富含多种氨基酸和微量元素，有助于提高免疫力。通过蒸这种烹调方式，各种食材的营养成分得以充分保留，同时保持了食材的原汁原味，适合各类人群食用。

文化内涵　大豆起源于中国，中国人吃豆已有几千年的历史。当下，大豆更是《中国居民膳食指南（2022）》中建议中国居民每天都摄入的食物之一。

27　素蟹粉

菜品创意
传统素菜荤做的做法改良。

烹调技法
炒。

素·味
su
wei

原料选用
主料：胡萝卜 200 克。
辅料：南瓜蓉 50 克。
调料：盐 5 克、糖 2 克、味精 4 克、醋 3 克。

工艺流程
1 胡萝卜去皮蒸熟拍碎。
2 豆油烧热煸炒胡萝卜碎，再加入南瓜蓉调味。
3 起锅前点醋。

技术关键
1 一定要煸炒出胡萝卜的香味。
2 起锅前一定要点醋。

菜品特点
色彩鲜艳、口味香浓。

营养惠益 此道菜肴以"小人参"之称的胡萝卜为主料，搭配南瓜蓉作为辅料，不仅色彩鲜艳，营养丰富，还具有独特的口感。胡萝卜富含维生素 A、维生素 C 和维生素 K 以及膳食纤维，有助于提高免疫力、保护视力并促进消化系统的健康。南瓜蓉则富含 β- 胡萝卜素、维生素 C 和钾等营养成分，具有抗氧化、抗炎以及降低血压等多重功效。整道菜肴具有健脾开胃、清热解毒的功效，有助于增强免疫力、促进视力健康。

文化内涵 素蟹粉是一道上海风味素斋，具有苏锡菜和淮扬菜的特色，营养丰富。素蟹粉是功德林非常出名的菜肴之一，曾获世界烹饪大赛金奖，展现了素食文化的重要地位和影响力。

28　素蟹粉烩素鱼翅

菜品创意
传统素菜荤做的做法改良。

烹调技法
烩。

素·味
su
wei

原料选用

主料:白萝卜 200 克。

辅料:胡萝卜 50 克、南瓜 15 克。

调料:盐 5 克、糖 2 克、味精 3 克、香醋 3 克。

工艺流程

1 白萝卜切成鱼翅状焯水后,浸泡 30 分钟去除萝卜味道。

2 胡萝卜去皮蒸熟拍碎,南瓜蒸熟粉碎成蓉。

3 豆油烧热放入胡萝卜碎煸炒,炒透后放入南瓜蓉拌匀,调味,勾芡,
   淋香醋。

4 素鱼翅沥干后蒸热装盘,再淋素蟹粉。

技术关键

1 胡萝卜去皮蒸熟拍碎时要颗粒均匀,煸炒要炒透。

2 白萝卜焯水要焯透,去除萝卜味道。

菜品特点

造型美观,色彩鲜艳诱人,味道香浓。

营养惠益　菜肴精心搭配白萝卜、胡萝卜和南瓜,不仅色彩鲜艳诱
人,而且营养价值较高。白萝卜富含膳食纤维、维生素 C 和矿物质,
有助于消化、增强免疫力和促进皮肤健康,有消食化痰、清热解毒
的功效。胡萝卜则含有丰富的胡萝卜素和维生素 A,对视力保护极
为有益。南瓜同样富含多种营养成分,如 β-胡萝卜素、钾和膳食纤维,
有助于降低血压和维持肠道健康。此菜肴是一道老少皆宜的美味佳
品,特别适合消化不良、食欲不佳的人群。

文化内涵　据传,素鱼翅的美名起源于清代乾隆年间。随着时间的
推移,素鱼翅逐渐从皇室御膳走向民间,成为一道广受欢迎的素食
佳肴。其制作工艺和口味也在不断的传承与创新中得以完善和提升。

点心类

DIAN XIN
LEI

素味

1 丹桂雪梨桃胶酿

菜品创意

传统的冰糖雪梨融入营养价值高
的桃胶，再用桂花点缀，使菜肴
更具食用性和观赏性。

烹调技法

蒸。

素·味
su
wei

原料选用

主料：桃胶 20 克、雪梨 1 个（200 克）。

辅料：干桂花 0.2 克。

调料：冰糖 10 克、红枣 1 粒、红糖 5 克。

工艺流程

1 桃胶用清水浸泡涨发，挑去杂物，上笼蒸 20 分钟备用，雪梨去核去皮。

2 将涨发好的桃胶放入去核的雪梨内，放入冰糖、红枣、红糖上笼蒸 50 分钟至雪梨酥烂，捡去红枣，撒入少许干桂花即可。

技术关键

1 雪梨去核时不要破坏整体形状。

2 选用优质的桃胶，一定要挑去里面的杂物，涨发完整。

3 冰糖不宜过多。

菜品特点

口感香甜丝滑。

营养惠益　据《本草纲目》记载，"梨者，利也，其性下行流利。"雪梨味甘性寒，含苹果酸、柠檬酸、维生素 B_1、维生素 B_2 和维生素 C、胡萝卜素等营养物质，具有生津润燥、清热化痰、养血生肌之功效，入药可治风热、润肺、凉心、消痰、降火、解毒，特别适合秋天食用。配以天然的美容佳品桃胶，使整道菜肴具有清肠润肺、降血脂、缓解压力和抗皱嫩肤的功效。

文化内涵　丹桂飘香的秋季是一年四季中令人期待和欣赏的季节，丰收、农耕、秋游、美食形成了秋天独特的风采。这道甜品选用了应季食材，突出了润燥、生津、调理脾胃等秋季养生的理念。

2 三色宫顶豆腐饺

菜品创意
采用传统冠顶饺造型。

烹调技法
蒸。

素·味
su
wei

原料选用

主料：白萝卜 100 克、青萝卜 100 克、心里美萝卜 200 克、老豆腐 200 克。

辅料：黄耳菌 30 克、荠菜 50 克、大头咸菜 10 克。

调料：盐 10 克、味精 8 克、糖 6 克、胡椒粉 1 克。

工艺流程

1　将白萝卜、青萝卜、心里美萝卜切成相同大小的薄片用 10% 盐水浸泡 5 分钟沥干，老豆腐压碎沥干备用。

2　将黄耳菌、荠菜、大头咸菜分别切成末，分别加入老豆腐碎，再调味搅拌成不同颜色的馅料。

3　用三种萝卜片分别包上三种馅料上笼蒸 8 分钟即可。

技术关键

萝卜片厚薄均匀，掌握蒸制时间。

菜品特点

咸鲜爽口、造型美观。

营养惠益　此道菜品选用富含维生素 C 且被称为"自然消化剂"的萝卜作为原料，不仅可以促进机体对食物的吸收，保护肠胃，还具有消散内热、下气宽中、润肺止咳、健脾补气、消积导滞等作用。再搭配富含大豆异黄酮、胡萝卜素、维生素 C 和维生素 B$_{12}$ 的豆腐和荠菜、菌类等食材，能够较好地起到蛋白质互补效果，提升菜品的营养价值，是一道老少皆宜的佳肴。

文化内涵　这道菜品以中国名小吃冠顶饺的造型进行设计，选用萝卜制皮、多种素菜制馅，成品不仅晶莹剔透、色泽亮丽，还能降低胆固醇、促进消化，达到养生的目的。

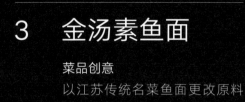

3 金汤素鱼面

菜品创意
以江苏传统名菜鱼面更改原料
进行制作。

烹调技法
汆、烩。

原料选用

主料：细山药 100 克、地瓜粉 80 克。

辅料：南瓜蓉 50 克、香菜苗 3 克、蛋清 50 克。

调料：盐 5 克、味精 6 克、胡椒粉 1 克、酸辣鲜露 8 克。

工艺流程

1　细山药去皮，入蒸箱蒸熟后按压成泥，再过筛后加地瓜粉和蛋清搅拌上劲，然后装入裱花袋中，再将裱花袋尖端剪出小口，锅中水开后把山药泥均匀挤入锅中氽熟，捞起备用。

2　南瓜蓉加入 500 克水烧开，加入调料调味做成金汤备用。

3　将金汤装入盘中，再将鱼面均匀摆放在金汤上，最后点缀香菜苗即可。

技术关键

1　细山药制作鱼面的比例。

2　金汤的制作及口味。

菜品特点

金汤浓厚酸爽，鱼面劲道爽滑。

营养惠益　山药作为药食两用的食材，除含有大量淀粉和蛋白质外，还含有维生素、脂肪、胆碱等成分，以及碘、钙、铁、磷等人体不可缺少的矿物质。此道菜肴选用山药为主料，与补气益肺的南瓜蓉与具有和中健脾作用的地瓜粉搭配，产生独有的滋补作用，不仅可补益肺气，还可健脾益肾，经常食用能够促进身体强健。

文化内涵　鱼面作为一种传统美食，其制作工艺体现了人们对食材的创新和想象力。不同地区鱼面的制作方法和食用方式各有特色，反映了各地饮食文化的独特性和多样性。此道金汤素鱼面用山药作为主要原料，突出了养生的特点。

4　榴莲忘返

菜品创意
从榴莲包中获得的灵感，结合象
形点心的工艺手法进行制作。

烹调技法
炸。

素·味
su
wei

原料选用

主料：香蕉 350 克。

辅料：面包糠 150 克、菠菜杆 2 个、土豆 150 克、澄面 50 克、黄油 20 克。

调料：榴莲酱 150 克、青芥末沙拉酱 50 克。

工艺流程

1　土豆去皮切块蒸 30 分钟后加入澄面、黄油制成泥，做成 30 克的剂子。

2　香蕉改刀成颗粒状，拌上榴莲酱和青芥末沙拉酱做成馅心放在剂子上，捏成梨型，挂面包糠。

3　用 130℃油温炸至金黄色装盘，用菠菜杆点缀即可。

技术关键

1　油炸时油温控制在 130℃。

2　香蕉一定要选软糯一些的，口感风味更好。

菜品特点

造型清新，口感软糯，风味十足。

营养惠益　榴莲（榴梿）富含维生素 C、B 族维生素、钾、镁、纤维素和蛋白质等多种营养物质，具有提高身体免疫力、美容养颜的功效。香蕉含有丰富的膳食纤维，可促进肠道蠕动，缓解便秘；还含有色氨酸，可以改善情绪，增加幸福感。将含有丰富的维生素及钙、钾等微量元素的土豆和面包糠做成点心，营养丰富，口感软糯，具有美容养颜、润肠通便、提高身体免疫力等功效。

文化内涵　利用字的谐音来表达对美好事物的喜爱，代表了人们对幸福美满生活的向往。用榴莲制作菜肴是一种独特的美食体验。

5　翡翠饼

菜品创意
用传统葱油饼的烹调方法
演绎出的创新做法。

烹调技法
煎。

素·味
su
wei

原料选用

主料：面粉 300 克、莴笋丝 200 克、虫草花 30 克、黄耳粒 30 克。
辅料：蜂蜜 10 克、鸡蛋清 60 克。
调料：盐 3 克、葱油 10 克、味精 3 克、花椒粉 1 克、麻油 5 克、
　　　色拉油 50 克。

工艺流程

1　制馅：将莴笋丝、虫草花、黄耳粒焯水后挤干。放入葱油、盐、味精、
　　花椒粉、麻油拌匀。
2　将面粉、蜂蜜、鸡蛋清、盐和 150 克水搅拌成面团后醒 20 分钟，
　　擀成每个 10 克重、厚 1 毫米的片，表面刷色拉油，醒 1 小时。
3　包入馅料，压平，用不粘锅煎至两面金黄。

技术关键

馅料的水分要控制好，不能太干。

菜品特点

口感咸鲜、外皮松软。

营养惠益　虫草花是一种营养价值极高的滋补类食材，具有止咳平喘、调节内分泌、滋补身体的功效。莴笋性甘凉，是一种高钾蔬菜，具有降低血压的功效；含有丰富的植物纤维素，可以起到润肠通便的作用。黄耳含有蛋白质、矿物质、维生素、胶质等营养成分，具有清热化痰、促进肝脏代谢、预防贫血等功效。此菜肴是一道营养价值丰富的菜品，对增强和调节人体免疫功能、提高人体抗病能力有一定的作用。

文化内涵　翡翠鸟的毛色十分美丽，通常有蓝、绿、红、棕等颜色。一般这种鸟雄性为红色，谓之"翡"；雌性为绿色，谓之"翠"。这道菜用莴苣和虫草花等作为主要原料制作而成，色彩鲜亮，故被命名为翡翠饼。

6 生磨核桃露

菜品创意
灵感来自蒸奶蛋的制作方法。

烹调技法
蒸。

素·味
su
wei

原料选用

主料：去皮核桃仁 50 克、花生仁 30 克、淡奶油 50 克。

辅料：鸡蛋 5 个、牛奶 200 克。

调料：细白糖 10 克。

工艺流程

1 核桃仁水锅煮 5 分钟除去外皮，放入 180℃油锅中炸至金黄取出，再把花生仁放入锅中炸至金黄，捞出放凉。

2 把核桃仁和花生仁加入 200 克牛奶和 200 克水榨汁，加入鸡蛋、淡奶油、细白糖搅拌均匀过滤放入杯中，保鲜膜封住杯口蒸 8 分钟。

技术关键

1 核桃仁的外皮一定要去除干净，不然会有涩味。

2 保鲜膜要封好不能漏气。

菜品特点

口感奶香绵柔。

营养惠益　核桃是常见的坚果类食物，是药食两用的佳品，富含蛋白质及不饱和脂肪酸，这些成分是大脑组织细胞代谢的重要物质，能滋养脑细胞，增强脑功能。花生，能润肺止咳、调和脾胃。本道菜品选用核桃仁和花生仁，配以富含优质蛋白质的鸡蛋，不仅鲜香四溢，而且营养丰富，健脾开胃。

文化内涵　核桃通过丝绸之路传入中国，逐渐融入了东方文化，悄然走入了百姓之家，成就了多种经典的美食。

7　黑松露焗五色米

菜品创意

云南当地喜欢用鸡枞菌拌饭。把鸡枞菌和油条、咸菜包入米饭中，再对菜品的造型加以改变制成这道菜品。

烹调技法

蒸。

素·味
su
wei

原料选用

主料：五色米 100 克。

辅料：新鲜鸡枞菌 20 克、鸡油 200 克、油条 20 克、咸菜 20 克。

调料：盐 5 克、味精 3 克、黑松露酱 10 克。

工艺流程

1 新鲜鸡枞菌清洗干净沥干，鸡油加热到 120℃放入鸡枞菌，小火慢熬至鸡枞菌干脆，取出鸡枞菌后让鸡油自然冷却，再把鸡枞菌放入鸡油里静置 10 小时备用。

2 五色米分别蒸熟，用鸡枞菌油加入调料拌匀。

3 把鸡枞菌、油条和咸菜切成小粒和米饭拌匀，用模具压成型，装盘围边，配黑松露酱进行食用。

技术关键

鸡枞菌油制作时油温要控制好，菌菇炸制好一定要取出来冷却，最后放入鸡油里浸泡，这样鸡枞菌油味道更加香浓。

菜品特点

将鸡枞菌油拌入五色米饭，使其融入菌油的香味，与米饭的香味相得益彰，黑松露酱的加入使香味更上一层。

营养惠益 五色米是由红蓝草、黄花草、枫叶、紫蓝草染色制成的糯米饭，五彩缤纷，鲜艳诱人，具有补充营养、清热凉血的功效。黑松露是一种生长于地下的野生食用真菌，具有增强免疫力、抗衰老、抗疲劳的功效。五色米配以黑松露酱，不仅香气丰富，而且营养丰富，是补益健康的佳品。

文化内涵 五色米又称五色花米饭，采用纯天然的植物汁液染色，象征着吉祥如意、五谷丰登。

8　水晶冻梨

菜品创意
从仿生点心结合果冻获得的灵感，采用
水果造型，保留了水果自身的味道。

烹调技法
冻。

素·味
su wei

原料选用

主料：香梨 150 克。

辅料：枸杞子 2 粒、琼脂 20 克。

调料：冰糖 20 克。

工艺流程

1 琼脂浸泡后蒸至溶化，枸杞子浸泡。

2 香梨洗净去皮，取肉粉碎成蓉，再过滤去渣，放入冰糖和琼脂搅拌均匀（每 100 克梨汁放入 10 克琼脂）。

3 把搅拌均匀的梨汁和枸杞子放入模具，冷冻成型后取出装盘。

技术关键

1 香梨粉碎后一定要过滤。

2 琼脂要浸泡透再蒸至完全溶化。

菜品特点

菜肴造型独特，成品晶莹剔透。

营养惠益　香梨富含维生素 C、膳食纤维和多种抗氧化剂，有助于提高免疫力，促进消化，预防便秘。此外，香梨具有清热解毒作用，能够缓解咳嗽、润肺止咳，是一种健康的水果。这道水晶冻梨不仅造型美观，口感清爽，而且营养丰富，是一道兼具美味和健康的甜品。

文化内涵　梨在中国文化中常被视为纯洁和清白的象征，其洁白无瑕的果肉和清新的香味给人一种纯净的感觉。这道菜结合琼脂制作，使成品造型别致，洁净通透。

9 马卡龙

菜品创意
从西餐甜品马卡龙获得的灵感。

烹调技法
蒸、冻。

素·味
su
wei

原料选用

主料：铁棍山药 50 克、百合 30 克、甜青豆 70 克。

辅料：牛奶 50 克、三花淡奶 50 克、椰浆 50 克，明胶片 20 克。

调料：白巧克力 20 克、淡奶油 40 克、白糖 25 克、炼乳 50 克。

工艺流程

1 铁棍山药、百合、甜青豆蒸熟，把明胶片放入冷水中泡软待用。

2 把牛奶、三花淡奶、白糖、椰浆、炼乳和蒸好的山药、百合放入破壁机打成泥待用。

3 打好的山药泥放入容器中，加入白巧克力和泡好的明胶片 10 克，加热至融化，然后放入马卡龙模具中，再放入保鲜冰箱 4 小时即可。

4 甜青豆加入炼乳和牛奶、淡奶油放入破壁机打成泥待用。

5 打好的青豆泥放入 10 克泡好的明胶片搅至融化，然后放入马卡龙模具中，再放入保鲜冰箱 4 小时即可。

6 把做好的山药和青豆脱模，分别为白色和绿色。

7 两片白色中间夹绿色或两片绿色中间夹白色，形似马卡龙。

技术关键

甜青豆粉碎后，一定要用细筛过滤。

菜品特点

外观形似马卡龙，口味软糯香甜。

营养惠益　　铁棍山药富含淀粉、蛋白质、维生素和矿物质，具有健脾养胃、益肺止咳的作用，是一种药食同源的食材；百合具有润肺止咳、清心安神的功效，常用于缓解焦虑和改善睡眠；甜青豆富含蛋白质、膳食纤维、维生素和矿物质，有助于增强免疫力、促进消化和心血管健康。这道中式风味的马卡龙，不仅外观精美，口感细腻，还富含多种营养成分，具有多种健康益处，是一道美味健康的创意甜品。

文化内涵　　马卡龙被视为时尚甜点的象征，起源于意大利，在法国得到了广泛的发展，成了法国流行的小甜点之一。这道菜选用山药、百合等原料制作出五彩缤纷的马卡龙造型，提升了其养生价值。

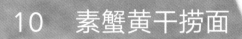

10 素蟹黄干捞面

菜品创意
蟹黄面的素食改良菜品。

烹调技法
煮。

素·味 su wei

原料选用

主料：面粉 800 克、土豆 500 克、胡萝卜 300 克。

辅料：生姜米 50 克、菠菜 200 克、竹炭粉 5 克。

调料：盐 10 克、味精 10 克、胡椒粉 5 克、白糖 5 克、上海米醋 80 克。

工艺流程

1 菠菜洗净取叶焯水后放入冷水冷却，沥干，用粉碎机粉碎成汁备用。
2 用面粉和菠菜汁、竹炭粉分别擀成白、绿、黑三色面条。
3 土豆、胡萝卜连皮蒸至熟透，去皮压成泥，调成熟胚。
4 制素蟹黄：胡萝卜熬红油，取红油烧热下生姜米炒香，再加入熟胚炒起沙，放入调料拌匀。
5 素蟹黄打底，排上下好的三色面条，装盘即可。

技术关键

1 胡萝卜制胚时须去除内心。
2 制素蟹黄时生姜米和米醋的比例要适当，要能尝到明显的蟹味。

菜品特点

色彩丰富，蟹黄味足。

营养惠益　土豆具有很高的营养价值和药用价值，有"地下苹果"之称，具有和中养胃、健脾利湿、宽肠通便、降糖降脂等功效。胡萝卜被誉为"小人参"，具有防癌抗癌、保护心血管、抗氧化、延缓衰老的功效。搭配具有补中益气的面粉，使得整道菜肴营养更加丰富，特别适合脾胃虚弱、食欲不振的人群。

文化内涵　在书册典籍里，食蟹被视为美事，苏轼在《丁公默送蝤蛑》中描述了蟹黄的鲜美。这道菜选用胡萝卜作为原料熬制成颜色接近的素蟹黄，更适合现代有健康需求的人群。

11　香煎绿豆粉

菜品创意
在传统绿豆粉的制作工艺上进行改良，将冷食变成热食。

烹调技法
煎。

原料选用
主料：绿豆粉 50 克、红心火龙果汁 10 克。
辅料：蒜子肉 5 克。
调料：生抽 5 克、白糖 10 克、芝麻油 5 克。

工艺流程
1 绿豆粉加入 150 克水小火烧开，搅拌均匀，制作成凉粉，用模具定型。
2 用红心火龙果汁画出树叶纹再装盘。
3 蒜子肉切碎和调料拌匀成汁和菜肴一起上。

技术关键
凉粉烧开时注意火候，要小火慢慢烧开，同时要不停搅拌。

菜品特点
清爽适口，口感 Q 弹。

营养惠益 绿豆性凉，有清热解毒的功效，可以缓解热气、湿气等引起的不适；含有丰富的 B 族维生素和维生素 E，具有保养皮肤的作用；含有大量的膳食纤维，能够有效地降低血脂、血压，保护心血管健康。此菜肴搭配含有植物蛋白质以及花青素的火龙果，具有排毒护胃、促进消化、清宿便等功效，有助于维持身体健康。

文化内涵 绿豆凉粉是一种色香味俱全的传统名点，其以独特的制作工艺和口感，成为中国各地夏季常见的风味食品。子长绿豆凉粉制作技艺于 2016 年入选陕西省第五批非物质文化遗产，证明了其在地方文化中的重要地位。

12 网皮豆腐卷

菜品创意
使用传统煎饺的手法制作豆腐卷。

烹调技法
煎。

原料选用

主料：豆腐 200 克。

辅料：低筋面粉 200 克、香葱 50 克、玉米糊 15 克。

调料：盐 5 克、味精 3 克、糖 2 克、白胡椒粉 1 克。

工艺流程

1 豆腐切小粒焯水后沥干，香葱切碎，拌匀加入调料制作成馅料。
2 低筋面粉加入 100 克水拌匀，擀成面皮。
3 把馅料放在面皮上然后卷起来，再切成大小相同的卷。
4 用不粘锅把豆腐卷煎熟，淋玉米糊做成脆片，装盘时把脆片放在上面。

技术关键

豆腐粒要切小一些，煎时不粘锅的温度不能太高。

菜品特点

色泽金黄，葱香浓郁。

营养惠益　豆腐味甘性寒，是一种清热润燥的养生食物，适量食用能够清除体内毒素，也可生津止咳；钙质的吸收率可达 95%，有利于牙齿及骨骼的发育，也可有效预防骨质疏松。此菜肴美味可口，适合各类人群食用，尤其在促进骨骼健康、提高免疫力等方面有着积极作用。

文化内涵　网纹锅贴是中国著名的传统小吃，属于煎烙类食品，具有悠久的历史。这道菜以网纹锅贴为设计原型，用素原料豆腐代替传统锅贴肉类馅心，改变风味的同时完美呈现了独特的造型美。

13 茉莉白玉素虾饼

菜品创意
运用素菜荤作的手法，把蔬菜
原料制作成荤的馅料。

烹调技法
煎。

原料选用
主料：铁棍山药 200 克。
辅料：新鲜茉莉花 20 克、鸡蛋清 50 克。
调料：盐 4 克、糖 2 克、味精 3 克、白胡椒粉 1 克。

工艺流程
1　铁棍山药去皮蒸熟后压成泥，加入洗净的新鲜茉莉花和鸡蛋清和调料搅拌均匀。
2　把搅拌均匀的山药小料做成 30 克一个的小饼煎熟。
3　装盘，用茉莉花装饰。

技术关键
山药细滑要搅拌上劲。

菜品特点
入口滑嫩，花香清润。

营养惠益　此菜肴搭配新鲜茉莉花，并与蛋白质丰富的鸡蛋清相融合，是一种色香味俱佳的营养健康菜肴。其中铁棍山药含有淀粉酶、多酚氧化酶等物质，有利于脾胃消化吸收功能，还含有大量的黏蛋白、维生素及微量元素，能有效阻止血脂在血管壁的沉淀，可预防心脑血管疾病，具有益智安神、延年益寿的功效。

文化内涵　山药不仅是一种营养丰富的食材，还是一种具有深厚文化内涵的药材，在中医中被认为具有健脾、补肺、固肾、益精等功效。山药因其因其营养丰富和健康益处，在现代社会中受到广泛欢迎，成为人们日常饮食中的常见食材。